书山有路勤为径,优质资源伴你行
注册世纪波学院会员,享精品图书增值服务

九型人格

人人都应该学习的自我认知课

刘永中　关雪芳　邱建雄◎著

电子工业出版社
Publishing House of Electronics Industry
北京·BEIJING

未经许可，不得以任何方式复制或抄袭本书之部分或全部内容。
版权所有，侵权必究。

图书在版编目（CIP）数据

九型人格：人人都应该学习的自我认知课 / 刘永中，关雪芳，邱建雄著. -- 北京：电子工业出版社，2025. 7. -- ISBN 978-7-121-50497-6
Ⅰ．B848-49
中国国家版本馆CIP数据核字第20250AJ202号

责任编辑：杨洪军
印　　刷：三河市良远印务有限公司
装　　订：三河市良远印务有限公司
出版发行：电子工业出版社
　　　　　北京市海淀区万寿路173信箱　邮编100036
开　　本：720×1000　1/16　　印张：12.5　字数：200千字
版　　次：2025年7月第1版
印　　次：2025年7月第1次印刷
定　　价：65.00元

凡所购买电子工业出版社图书有缺损问题，请向购买书店调换。若书店售缺，请与本社发行部联系，联系及邮购电话：（010）88254888，88258888。
质量投诉请发邮件至zlts@phei.com.cn，盗版侵权举报请发邮件至dbqq@phei.com.cn。
本书咨询联系方式：（010）88254199，sjb@phei.com.cn。

— 序 —

九型人格：每个人都是一台调频收音机

（刘永中　众行集团董事长/绩效派行动学习创始人）

如果一个古代人穿越到现代来寻宝，发现了一台收音机，随意转动调频按钮，突然对上频道，里面传出了悦耳的声音，他一定会感到非常惊讶。

学过物理的人可以告诉他，这其实很简单：电台有人在说话，通过电波传送信息，收音机只要频道对上了，就可以收到对方的信息。

古代人可能会问：为什么要对上频道才能收到信息，对不上频道就收不到信息呢？这个问题恐怕很难用几句话简单解释清楚。

更难的问题又来了：你知道每个人都有自己的沟通"频道"吗？如果频道对不上，就会出现"鸡同鸭讲"的情况，接收到的是一堆乱七八糟的杂音，而不是对方真正想要传递的信息。例如，在外交场合，当特朗普式的领导人说"敬请拭目以待"的时候，也许他真的要采取行动了；而当特朗普的继任者说同样的话时，他表达的也许只是"你等着，我也不知道后面会发生什么"。这两位领导人似乎处于不同的"频道"，如果用九型人格来区分，一位是8号开拓型，另一位是9号和

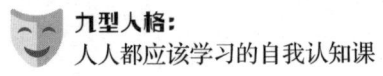

平型。

看到这里，也许你明白了为什么很多企业和国家机构会把九型人格作为一个识人指南。同样，斯坦福大学商学院也将九型人格引进MBA的课堂，一方面用于训练学员分析判断商界领袖的性格特质和行为特质，另一方面用于提升学员的自我认知能力和影响他人的能力。"知人者智，自知者明"，说的就是这个道理。

作为现代人，我们每天都在大量地处理信息、与人沟通，但很多时候，信息虽然收到了，却无法理解对方的真实意图；人虽然见到了，却知人知面不知心，难以有效沟通。所谓"没法沟通"，用工程语言来说就是"频道没对上"。此时，我们需要一个"频道解码器"，而这个解码器就是"九型人格"。

九型人格是一种关于性格分析的古老智慧，源自两千多年前伊斯兰教苏菲教派的灵修课程，后来被斯坦福大学等多所美国大学列为应用心理学课程，也被某国家机构用于分析各国元首的行为特质，并从此被世界各国广泛应用于实用心理学领域。时至今日，九型人格被誉为沟通的"宝典"和有效的"读心术"，为使用者提供了一张真实、深刻且层次分明的人性地图，帮助人们认知自我、了解他人。

九型人格实际上是人们处理自己与世界关系的九种模式或九种"频道"。它是：

- 透过行为看到原动力的透视镜（内驱力）；
- 剖析每个人看待世界的有色眼镜（心智模式）；
- 提升自我认知和自我修炼的宝典（领导力模式）；
- 沟通的"宝典"，有效的"读心术"（沟通模式）。

序

学习九型人格可以从根本上提升我们的自我认知能力、沟通力和领导力。

如果你有以下困惑：

- 作为职业人，如何才能突破自己的事业高度，更上一层楼？
- 作为企业决策者，如何才能使自己的决策规避自身的盲点和误区？
- 作为管理者，如何与不同性格的员工和同事进行有效沟通？如何更有效地解决团队冲突？如何洞察上级的性格，更好地与他相处？
- 作为领导者，如何有效做好识人、选人、用人、留人、激励人的工作，真正做到把合适的人放在合适的岗位上，人尽其才？
- 作为教练，如何有效指导不同性格的下属，支持他们发展和成长？
- 作为丈夫或妻子，如何了解伴侣的性格，更好地与其相处？如何根据孩子的性格更有效地处理好亲子关系？

作为一位过来人，我想告诉你，此时你应该学习九型人格了。

"知人者智，自知者明"，我相信本书可以帮助你了解自己个性的优势与局限，明确突破的方向；改善人际沟通模式，提升领导效能；增强对人的洞察力，做到人尽其才，知人善任；提高团队的情绪智能，改善成员间的沟通和合作；有效地领导和激励团队成员，建立优胜团队。

开卷有益，请开始阅读吧！

前言

九型人格起源于公元9世纪在中亚和波斯地区兴起的神秘信仰——苏菲教，是一门具有2500多年历史的古老学问。九型人格的英文名称是"Enneagram"，该词源于希腊语中的"ennea"和"grammos"，其中"ennea"代表数字9，"grammos"意为"尖角"，合起来表示"九边形"或"九角星"。这一名称指代九个彼此相连的点，每个点代表一种独特的人格类型。经过几代学者的研究与完善，九型人格理论已成为当下备受瞩目的人格学说，并广泛应用于各个领域。斯坦福大学MBA课程以及某国家机构已将九型人格纳入必修课程，众多企业也将其引入企业培训体系，九型人格被誉为洞悉人心最为有效的工具。

海伦·帕尔默所著的《九型人格》堪称九型人格领域的启蒙之作，她为九型人格的全球化普及与应用做出了卓越贡献。九型人格将人格划分为九种类型，分别是：1号自律型（完美型）、2号助人型、3号成就型、4号感觉型（浪漫主义型）、5号思考型（理智型）、6号忠诚型（疑惑型）、7号活跃型、8号开拓型（领袖型）、9号和平型。

前言

九型人格理论在心理学与个人发展领域产生了深远影响。它为个人提供了一种框架，用以了解自己与他人，帮助人们认识到自身的核心动机、行为模式与情绪反应。通过深入理解各型号的特点与困境，人们能够更好地改善自身行为与人际关系，促进自我成长与心理健康。我们在长期的企业管理和课堂培训实践中，也运用九型人格进行识人用人，取得了良好的效果。

本书的诞生旨在助力职场人士更好地识人、用人、管人，从而提升个人职场影响力，帮助读者在事业上取得成功。本书第一章凝练了《九型人格》原著中的理论精华，内容通俗易懂，能够帮助读者快速掌握九型人格的基本理论。第二章通过剖析国内外广为人知的各界名人，进一步加深对九型人格理论的理解与掌握。第三章介绍了更加简明实用的"望闻问切"识人技巧，该技巧贴近日常，便于读者活学活用，练就快速识人的能力。第四章则聚焦于探索自我与他人的相处模式，通过九型人格的修炼，实现自我人格的完善、人际关系的和谐、领导力的提升以及影响力的扩大。

不同角色的职场人士在阅读本书时均可收获颇丰。从同事的角度来看，学习九型人格能够帮助我们理解身边同事的行事风格与内在动力，从而营造和谐、良好的职场关系。从上级的角度出发，学习九型人格有助于我们把握下属的行事风格与内在动力，实现人岗匹配与情境领导，进而提升团队管理效能。从下属的视角而言，学习九型人格可以让我们理解上级的行事风格与内在动力，从而实现向上管理，成为上级信任的得力助手。从自我提升的角度考虑，学习九型人格能够帮助我们洞察自身的行事风格与内在动力，实现人格完善与领导力提升，练就情绪稳定、内外通达、知行合一、拿得起放得下的人生智慧。

需要特别说明的是，人格并无优劣之分。在学习九型人格时，应避免给他人随意贴标签，因为每个人的人格具有复杂性，且会随着时间和环境的变化而变化。运用九型人格理论来修炼自身、营造良好的人际关系才是我们最为重要的目标。本书中所涉及的人物解析均基于真实案例，但出于敏感性考虑，我们对人名进行了模糊处理。人物解析并无褒贬之意，亦无冒犯之心，仅为帮助读者更好地理解九型人格的不同特征。书中提到的各型号代表人物是经众多专家判断后确定的，虽有一定的共识，但仍可能存在不同意见，希望大家以开放的心态阅读本书。

阅读和学习九型人格图书的最佳方式是学以致用。在阅读本书的过程中，读者可以同步观察并判断身边人的九型人格类型。遇到疑问时，可返回本书巩固与加深印象。面对难以相处的同事或上级时，建议查阅本书相关的行为模式与相处技巧章节。当管理出现问题时，同样可以回到本书查看自身型号的修炼方向与领导力提升技巧。这是一个长期且富有挑战的过程，愿与诸君共勉！

目录

第一章　入门：初识九型理论基础　　001

第一节　测试：测测你的九型人格类型　　002

第二节　为什么某国家机构在用九型人格　　009

第三节　九型人格的关注点、人格特点和成长环境　　014

第四节　九型人格在压力与放松状态下的特征变化　　034

第五节　九型人格的三大智慧中心理论　　044

第二章　解读：九型人物案例解析　　051

第一节　8号开拓型和3号成就型的人物解读　　053

第二节　4号感觉型和3号成就型的人物解读　　059

第三节　6号忠诚型的人物解读　　064

第四节　9号和平型的人物解读　　070

第五节　2号助人型和7号活跃型的人物解读　　075

第六节　5号思考型的人物解读　　082

第七节　1号自律型的人物解读　　087

第三章　活用：九型简明识人术　093

第一节　识人与自知是人生不可或缺的一种智慧　095

第二节　秒测："三观（世界观、人生观、价值观）"就是你的人格　100

第三节　九型简明识人术——望：相由心生术　106

第四节　九型简明识人术——闻：听话听音术　115

第五节　九型简明识人术——问：侧面提问法　125

第六节　九型简明识人术——切：两难抉择测评法　132

第四章　修炼：提升九型影响力　138

第一节　三大应用场景：领导力、沟通力、团队组建与分工　140

第二节　如何突破人格局限，成就更好的自己　148

第三节　如何掌握沟通密码，影响你的上司和下属　158

第四节　如何匹配职业兴趣，助力职业发展　173

第五节　如何找到和另一半的相处秘籍，打造和谐的亲密关系　177

参考文献　187

— 第一章 —

入门：初识九型理论基础

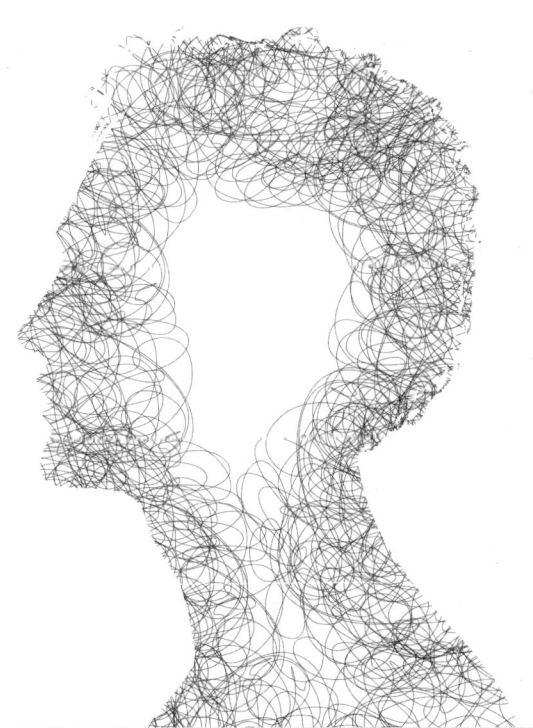

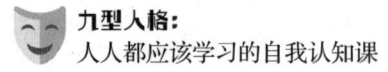
九型人格：
人人都应该学习的自我认知课

第一节 测试：测测你的九型人格类型

无论你是否接触过九型人格，当你翻开本书时，便说明你对自己和他人都充满好奇心，正在不断探索与认知自我与他人。那么，在开始阅读本书之前，让我们先从一份九型人格测试题入手，开启你的九型人格学习之旅。

九型人格测试

【计分方式】

每种型号有12条描述，每条描述你觉得"很符合"计2分，"一般符合"计1分，"不符合"计0分，请填在括号中，哪一组分数最高则证明你可能是哪一型号的人格。

【作答提示】

1. 请在放松的状态下开始作答，抛开工作和他人对你的影响，直击最真实的自己，这有助于测试的准确性。

2. 每个人都会受到心境、环境、经历、年龄等因素的影响，不同时期测试出的结果可能会有所不同。

3. 需要说明的是，测试结果只是一个参考结论，更精准的判断还需要阅读原著或本书，在深入了解和揣摩比较后获得。

【测试题】

（　）1. 我不想成为一个喜欢批评的人，但很难做到。

（　）2. 假如我想要结束一段关系，我不是直接告诉对方，就是激怒他让他离开我。

（　）3. 他人不能完成分内事，会令我失望和愤怒。

（　）4. 我的面部表情严肃而生硬。

（　）5. 我常对自己挑剔，期望不断改善自己的缺点，以成为一个完美的人。

（　）6. 我喜欢每件事都井然有序，但他人会认为我过分执着。

（　）7. 我对他人做的事总是不放心，批评一番后，自己会动手再做。

（　）8. 我似乎不太懂得幽默，没有弹性。我的肢体硬邦邦的，不习惯他人热情的付出。

（　）9. 我不但不会说甜言蜜语，而且他人会觉得我唠叨不停。

（　）10. 我注重小节而效率不高。

（　）11. 我喜欢刺激和紧张的关系，而不是稳定和依赖的关系。

（　）12. 我是循规蹈矩的人，秩序对我十分有意义。

（　）13. 当我有困难时，我会试着不让人知道。

（　）14. 施比受会给我更大的满足感。

（　）15. 帮助不到他人会让我觉得痛苦。

（　）16. 我习惯付出多于接受。

（　）17. 我知道如何让他人喜欢我。

（　）18. 我很容易知道他人的功劳和好处。

（　）19. 我待人热情而有耐心。

（　）20. 我常往外跑，四处帮助他人。

（　）21. 帮助他人达致快乐和成功是我重要的成就。

（　）22. 付出时，他人若不欣然接纳，我便会有挫折感。

（　）23. 很多时候我会有强烈的寂寞感。

（　）24. 人们很乐意向我表白他们所遭遇的问题。

（　）25. 我习惯推销自己，从不觉得难为情。

（　）26. 我喜欢当主角，希望得到大家的注意。

（　）27. 我是一个天生的推销员，说服他人对我来说是一件容易的事。

（　）28. 我常夸耀自己，对自己的能力十分有信心。

（　）29. 我很少看到他人的功劳和好处。

（　）30. 我嫉妒心强，喜欢跟他人比较。

（　）31. 我外向、精力充沛，喜欢不断追求成就，这使我的自我感觉十分良好。

（　）32. 他人会说我常戴着面具做人。

（　）33. 我做事有效率，也会找捷径，模仿力很强。

（　）34. 我常常刻意保持兴奋的情绪。

（　）35. 有时我会讲求效率而牺牲完美和原则。

（　）36. 我喜欢告诉他人我所做的事和所知的一切。

（　）37. 被人误解对我而言是一件十分痛苦的事。

（　）38. 我能触碰生活中的悲伤和不幸。

（　）39. 我觉得自己还有很多需要改进的地方。

（　）40. 我很多时候感到被遗弃。

（　）41. 我常常表现得十分忧郁，充满痛苦而且内向。

（　）42. 初见陌生人时，我会表现得很冷漠、高傲。

（　）43. 我很飘忽，常常不知自己下一刻想要什么。

（　）44. 我感受特别深刻，并怀疑那些总是很快乐的人。

（　）45. 我有很强的创造天分和想象力，喜欢将事情重新整合。

（　）46. 我渴望拥有完美的心灵伴侣。

（　）47. 我很难找到一种我真正感到被爱的关系。

（　）48. 我非常情绪化，一天的喜怒哀乐多变。

（　）49. 我喜欢研究宇宙的道理、哲理。

（　）50. 当他人请教我一些问题时，我会巨细无遗地分析得很清楚，但我不喜欢人家问我广泛、笼统的问题。

（　）51. 我通常是等他人来接近我，而不是我去接近他们。

（　）52. 我被动而优柔寡断。

（　）53. 如果不能完美地表态，我宁愿不说。

（　）54. 我对大部分的社交集会不太有兴趣，除非那是我熟识的和喜爱的人。

（　）55. 我很有包容力，彬彬有礼，但跟人的感情互动不深。

（　）56. 我不喜欢要对人尽义务的感觉。

（　）57. 我不喜欢那些侵略性或过度情绪化的人。

（　）58. 我不想他人知道我的感受与想法，除非我告诉他们。

（　）59. 在人群中我时常感到害羞和不安。

（　）60. 我倾向于独断专行并自己解决问题。

（　）61. 我常常设想最糟的结果而使自己陷入苦恼中。

（　）62. 我常常试探或考验朋友、伴侣的忠诚。

（　）63. 我最不喜欢的一件事就是虚伪。

（　）64. 我经常揣测他人语言和行为背后的潜在意图。

（　）65. 我有时很欣赏自己充满权威，有时却又优柔寡断，依赖他人。

（　）66. 面对威胁时，我一方面会变得焦虑，另一方面会勇敢地对抗迎面而来的危险。

（　）67. 在重大危机中，我通常能克服我对自己的质疑和内心的焦虑。

（　）68. 我有时期待他人的指导，有时却忽略他人的忠告径直去做我想做的事。

（　）69. 当沉浸在工作或我擅长的领域时，他人会觉得我冷酷无情。

（　）70. 我常常保持警觉，我比其他人更容易察觉出麻烦和潜在危险，通常感到焦虑不安。

（　）71. 有时我会激怒对方，引来莫名其妙的吵架，其实我是想试探对方爱不爱我。

（　）72. 我是一位忠实的朋友和伙伴。

（　）73. 我很注意自己是否年轻，因为那是找乐子的本钱。

（　）74. 我喜欢戏剧性、多彩多姿的生活。

（　）75. 我的思维很跳跃，脑子里经常冒出各种"点子"，常常把毫不相干的人或事关联在一起。

（　）76. 我对感官的需求特别强烈，喜欢美食、服装、身体的触觉刺激，并纵情享乐。

（　）77. 有时我会放纵和做出僭越的事。

（　）78. 我常觉得很多事情都很好玩，很有趣，人生真快乐。

（　）79. 我的计划比我实际完成的还要多。

（　）80. 我心直口快，常常说一些不该说的话，说完后已经来不及改口了。

（　）81. 如果对正在进行的事情失去兴趣，我就会转移目标，改做其他比较有趣的事。

（　）82. 我只喜欢与有趣的人为友，对无趣的人却懒得交往，即使他们看来很有深度。

（　）83. 我常担心自由被剥夺，因此不爱做出承诺。

（　）84. 我很少用心去听他人的心情，只喜欢说说俏皮话和笑话。

（　）85. 我喜欢独立自主，一切都靠自己。

（　）86. 我看不起那些不像我一样坚强的人，有时我会用种种方式羞辱他们。

（　）87. 在某方面我有放纵的倾向（如食物、药物等）。

（　）88. 我知错能改，但由于执着好强，周围的人还是感觉到压力。

（　）89. 我爱依惯例行事，不大喜欢改变。

（　）90. 我沉默寡言，好像不会关心他人似的。

（　）91. 我野心勃勃，喜欢挑战并追求登上高峰的体验。

（　）92. 如果周围的人行为过分，我会让他们难堪。

（　）93. 我会极力保护我所爱的人。

（　）94. 我喜欢高效，讨厌拖泥带水。

（　）95. 我要求光明正大，为此不惜与人发生冲突。

（　）96. 我很有正义感，有时会支持处于不利地位的一方。

（　）97. 身体上的舒适对我非常重要。

（　）98. 我时常拖延问题，不去解决。

（　）99. 我宁愿适应他人，包括我的伴侣，而不会反抗他们。

（　）100. 他人批评我，我也不会回应和辩解，因为我不想发生任何争执与冲突。

（　）101. 我经常忘记自己的需求。

（　）102. 我不相信一个我一直都无法了解的人。

（　）103. 我很在乎家人，在家中表现得忠诚和包容。

（　）104. 我不要求得到过多的注意力。

（　）105. 我很容易认同他人为我所做的事和所知的一切。

（　）106. 我容易感到沮丧和麻木，多于愤怒。

（　）107. 我温和平静，不自夸，不爱与人竞争。

（　）108. 我有时善良可爱，有时又粗野暴躁，很难捉摸。

请将测试完后的得分加总到表1.1中。

表1.1　九型人格测试结果统计表

题序	1~12	13~24	25~36	37~48	49~60	61~72	73~84	85~96	97~108
得分									
型号	1号 自律型	2号 助人型	3号 成就型	4号 感觉型	5号 思考型	6号 忠诚型	7号 活跃型	8号 开拓型	9号 和平型

如果你对这些型号不太了解，也没有关系。本书与原著最大的区别在于减少了晦涩难懂的理论知识。阅读完本书，能够了解并区分出九种人格，并在工作和生活中灵活运用，就已经相当不错了。同时，本书如同一本故事书，会引用大量现实中的中外人物作为九型人格的解析案例，让你在阅读过程中感受到生动与趣味，是一本更适合中国读者的九型人格图书。最后，本书的落脚点是职场，旨在为各位职场人士提供识人、用人、管人的速成方法，提升你在职场中的影响力。接下来，让我们带着问题和好奇心继续你的学习之旅。

第二节 为什么某国家机构在用九型人格

一、九型人格在某国家机构的运用

在当今世界的政治舞台上，领导人的个性与行为方式对国家乃至全球的走向具有决定性影响。然而，鲜为人知的是，某国家机构早在数十年前便开始运用九型人格理论来分析与解读各国元首的行为表现。这种别出心裁的方法究竟是如何揭示那些权谋宏大的领导人之内心世界的呢？

九型人格理论在心理学与个人发展领域已被广泛应用，而某国家机构将其引入政治分析领域，成果显著。该机构每年都会举办九型人格研讨会，让每一位情报人员深入了解各国元首的行为特质，以及他们在新的一年中可能采取的军事策略。例如，该国历史上一位具有坚强意志力且果断的总统，被归类为"开拓型"，因其推行了一系列具有深远影响的政策改革。而某些国家元首则被划分为"和平型"，他们擅长平衡国内外各种利益，为国家的繁荣与稳定不懈努力。

不仅如此，九型人格理论还能揭示领导人的动机、价值观与工作风格。有一位元首被归类为"自律型",因其对自己要求极高,追求卓越表现与高品质的治国理念,肩负起国家发展的重任。而另一位元首则属于"助人型",他注重奉献与社会责任感,致力于改善国民生活水平与社会公正。

该国家机构对九型人格理论的运用并非局限于单一国家,而是将其扩展至全球范围。这种方法在分析国际关系、预测领导人行为以及制定外交政策方面发挥了重要作用。通过研究领导人的人格特点,该机构能够更准确地评估国家的发展趋势,把握领导人的心理动态,为相关国际事务提供有价值的分析与建议。

如今,我们才刚刚开始探索九型人格与国际政治之间的联系。随着科技的发展与数据的积累,这一领域仍有巨大的拓展空间。该国家机构将继续深入研究九型人格理论的应用,在全球政治舞台上展现出更深刻的洞察力。

九型人格也是斯坦福大学商学院的必修课程。众多世界500强公司,如通用汽车、苹果、惠普、可口可乐、宝洁等,其管理阶层也需学习九型人格,以提升自身的领导力,并将其应用于员工管理之中。

二、九型人格的优势

为什么众多政府机构、名校、名企如此推崇九型人格呢?《九型人格》原著作者海伦·帕尔默指出:"如果九型人格存在什么问题的话,那就是这个系统太好用了!通过它,人们能够轻而易举地发现自己的人格类型,并且依据该系统分析不同的人格类型。"著名心理学家凯伦·韦布在其著作中也提到:"善用九型人格理论,可以为处在人生路途中任何阶段的任何人培养出对真我、内在潜能及达成方法更深刻的洞察力。"这听起来是不是很神奇？那么，它为什么可以如此神奇呢？

九型人格源自古老学问

九型人格起源于公元9世纪在中亚和波斯地区兴起的神秘信仰——苏菲教，是一门有着2500多年历史的古老学问。后来，经过乔治·伊万诺维奇·葛吉夫（George Ivanovich Gurdjieff）的深入研究、奥斯卡·依察诺（Oscar Ichazo）的完善，以及克劳迪奥·纳兰霍（Claudio Naranjo）将其与现代心理学相结合，再加上众多心理学家的努力，九型人格不断发展，已成为一种人格心理学理论，是一种深层次了解人的方法。

九型人格的广度

九型人格将人分为九种类型，分别是：1号自律型、2号助人型、3号成就型、4号感觉型、5号思考型、6号忠诚型、7号活跃型、8号开拓型、9号和平型。九型人格提供了全面且深入的人格分析。通过九型人格系统，我们可以了解一个人的基本人格类型，以及对应的行为特征和思维方式。与其他的人格分析工具相比，九型人格更加细致和详尽，能够更准确地描绘出个体的人格特点。

提到人格类型，很多人会想到星座、血型、生肖等一出生就已定型的人格分类方式。也有人会想到MBTI、DiSC等用于分析职业行为表现的测评工具。而在九型人格中，每种人格特征的形成主要来源于三个方面：第一，来自父母的基因遗传因素；第二，小时候的成长环境和家庭教育；第三，离开父母进入学校、社会后，身边的人和环境的影响。九型人格既考虑先天因素，也考虑后天因素，相对来说是一个更精确、更可靠的工具。

九型人格的深度

九型人格注重人的动机和内心驱动力。与一些简单的人格分类工具不同，九型人格更关注个体内心的深层需求和动机。它揭示了不同人格类型的个体追求什么，以及他们在不同情境下的应对方式，从而更好地帮助人们认识自我和他人，与其他分析工具相比更能直击本质。

九型人格的发展性

九型人格为个体发展和成长提供了方向指引。九种不同的人格类型都有各自的优势和弱点，而九型人格对这些优势和弱点进行了明确的刻画和归类。通过了解自己的人格类型，我们能够认识到自己的潜在强项和发展方向，从而更有针对性地进行个人成长和提升。

同时，九型人格能够促进人际关系的理解和沟通。每个人都有其独特的人格特点，不同人格类型之间可能存在差异和摩擦。而九型人格的使用可以帮助人们更好地理解他人的行为和思维方式，从而增进相互之间的理解和沟通，建立更加融洽的人际关系。与其他分析工具相比，九型人格能为人们提供更加具体和详细的个人成长以及人际关系建议。

三、九型人格是自我认知的必修课

海伦·帕尔默在《九型人格》原著中讲述了一个故事：一个放牛娃坐在一个三脚凳上挤牛奶。三脚凳的一条腿坏了，于是放牛娃在挤牛奶时，他关注的并不是牛奶，而是凳子的那条坏腿。她用这个简单的故事告诉我们，缺失往往更能引起人们的关注。当我们的注意力都放在缺失上时，在不知不觉中也就塑造了我们的人格属性，继而影响我们的情绪、行为和思维模式。越在意什么，就越容易被什么所影响。可以说，九型人格就代表了我们生命中缺失的那个部分。缺失的部分是我们人生中最在意、最孜孜以求的东西，是我们人生中最深层的动机，它塑造了我们的人格。

俗话说："习惯成自然。"大部分孩子在长大后不一定能意识到自己成长过程中的缺失，就像从小在动物园里长大的老虎，习惯了动物园的生活，不觉得有什么不对。但如果有朝一日老虎放归山林，它一定要弥补这些缺失，才有可能重新成为山林中的百兽之王。

每一个人都是少了一只翅膀的天使，如果要更好地成就自己，我们人生当中最重要的一课一定是：自我认知。我们需要透视习以为常的行为和习惯，探寻其背后的底层和深层动机，了解可能连自己都未能察觉到的成长缺失，明确自己的心智模式和人格。美国斯坦福大学商学院认为，管理者最重要的能力就是"自我认知"，因此将九型人格列为MBA的必修课。

这个道理很简单：生活中每个人都要照镜子，而九型人格就像我们人生心理成长过程中的一面镜子。我们可以通过这面镜子真正地了解自己，然后才有可能真正地了解他人、更好地与他人相处、发挥自己的影响力。

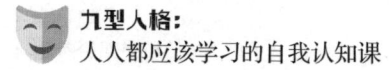
九型人格：
人人都应该学习的自我认知课

第三节 九型人格的关注点、人格特点和成长环境

九型人格的每种型号都有自身的关注点，这些关注点与过往的成长经历密切相关，同时也与内心的渴望与恐惧有关。在这些关注点的驱使下，九种人格表现出不同的行为特点。当我们透过一个人的行为表现去理解他的内在需要时，我们才开始真正了解一个人。本节我们将从九型人格的关注点、人格特点和成长环境三个方面，来深入了解九型人格理论。

一、1号自律型

1号自律型的关注点

1号自律型的人注重评估环境中的是与非。

1号自律型的人格特点

1号自律型的人注重细节和准确性，对错误极其敏感，对工作和生活追求完美。在他们眼中，这个世界是黑白分明、对错分明的，没有灰色地带。他们具有强烈的正义感和道德观念，喜欢规则和秩序，相信总有一种正确的方法。他们有一种天生的优越感，认为自己比他人更强。然而，他们可能过于苛求自己和他人，对自己的要求往往非常严格。"其身正，不令而行；其身不正，虽令不从。"这是他们的价值观，因此他们责任心强，在要求他人之前自己会先做到。同时，他们对进步和成长有着强烈的渴望。但有时他们也会因为害怕犯错而犹豫不决、拖延行动，或者会因为凡事追求完美而让自己负担过重。进化后，1号自律型的人可以成为非常睿智的精神偶像。

在生活和工作中，1号自律型的人非常注重整洁。例如，他们会将办公桌、抽屉、衣柜收拾得干干净净，只要他们想找东西，基本上马上就可以找到。在阅读一篇文章时，他们常常能够发现错别字和标点符号的错误。在工作推进中，他们非常看重工作进展的完美度和细节，他们相信细节决定成败。他们对错误的纠正有强烈的欲望，当他们发现错误后喜欢说出来，如果不说出来，他们会感到难受；如果他人因此改正了错误，他们会得到很大的满足。

笔者曾经在一次培训现场遇到过1号自律型的学员，当时他当着全班学员的面指正笔者的普通话发音。笔者发现这样的学员并不少见，而自己的普通话水平也因此越来越高。

1号自律型的人的最大优势是追求完美、力求正确、注重细节、做事认真。他们的最大局限是眼里容易看到他人的错误，挑剔，不太会赞扬肯定他人，经常为此生闷气，压抑情绪，从而导致心理和身体问题。我们会在后续章节中介绍1号自律型人的修炼方向。

1号自律型的成长环境

1号自律型的人从小是在长辈、父母高期望值、严厉要求且缺乏奖赏的环境下长大的,他们是听话和遵守纪律的好孩子。他们凡事追求公正和道德,因此会自我约束,遵循规则,对事不对人。例如,我们后续解析的代表人物企业家宗老,他的母亲是当时独立好强的新时代女性,她对自己要求严格,对宗老也十分严格,她经常教育他要保持清醒,抵制诱惑,节制欲望。在母亲的严格要求下,也塑造了他1号自律型的人格特征:严谨、自律、正直。

二、2号助人型

2号助人型的关注点

2号助人型的人渴望获得他人的认可。

2号助人型的人格特点

2号助人型的人认为爱是生命中最重要的东西,他们关心他人的需求,并愿意为他人付出。他们擅长倾听和提供支持,通常具有较高的同理心。他们希望获得他人的好感和认同,希望成为他人不可缺少的一部分,从中获得被爱和被欣赏的感觉。他们有很强的适应能力,能够在不同的朋友面前展示不同的自我。他们具有很强的吸引力,引人注目。然而,他们可能过度关注他人的需求,而忽略了自己的需求。进化后的2号助人型的人乐于助人,富有同情心。

每个人都有助人的倾向,但2号助人型的人几乎是一种本能,一种天性。对于一般人而言,帮助他人只是在力所能及的前提下,在自己业余时间帮助他人。但对于2号助人型的人来说,他们几乎是全职、无差别、不限场景地帮助他人。因此,他们通常比较慷慨、大方、热情,非常善于发现他人的需要。一般情况下,他们会非常敏锐地发现身边人的需要，他们会观察、揣摩他人到底需要什么。在满足他人需要的同时，他们也能感到快乐和幸福。

在一次培训现场，笔者遇到过一个非常典型的2号助人型学员。当时课程比较紧凑，中间没有太多休息时间，但为了照顾到学员的需要，笔者在课堂上询问："有人需要去洗手间吗？"课堂沉默了一会儿后，有一位学员回答道："老师，好像没有，那您有需要吗？"话音刚落，全场哄堂大笑，笔者也笑了。当他人并没有关注到笔者的需要时，这位学员能够将焦点关注到笔者身上并询问，这让笔者大为惊讶，同时也非常感动，这是一种来自2号助人型的善意。

2号助人型的人的最大优势是爱人，他们通常比较热情、慷慨、大方、善解人意，喜欢关心他人，注重人际关系，能够细致入微地理解他人，富有同理心，善于倾听，是值得信赖的朋友。然而，他们的最大局限在于他们过于关注情感方面，把爱和情感看得太重要。当情感关系与原则发生冲突时，他们往往会选择维护情感关系。同时，他们往往过于关注他人的需求，却不太擅长表达自己的需求。他们内心其实渴望他人能够主动发现并满足自己的需要。当自身需求长期得不到满足时，他们可能会变得情绪化，甚至出现愤怒情绪，这可能会导致他们的人际关系变得忽远忽近。

2号助人型的成长环境

2号助人型的人在童年时期的经历，往往让他们觉得自己是不值得被爱的，认为只有通过满足他人的愿望，才能获得爱和安全感。他们追求爱、他人的认可，坚信爱就是真理，对人不对事，乐于助人。例如，第二章马上要解析的著名主持人就是2号助人型人格。他小时候家庭条件不好，加上生过一场大病，身体瘦弱，因此非常自卑。为了获得大家的关注和爱，他积极参与班级活动，热心地给老师和同学提供帮助，成为学校里数一数二的模范孩子。如今，这位主持人在娱乐圈里也是大家眼中的"老好人"，会照顾人，情商非常高。

三、3号成就型

3号成就型的关注点

3号成就型的人希望自己的工作或表现得到积极正面的关注。

3号成就型的人格特点

3号成就型的人渴望成功和成就，希望通过自己的行动和成就来获得他人的认可，并致力于实现自己的目标，追求成就感。他们通常自信、有竞争力，并善于组织和领导。他们总是把自己想象成胜利者，并拥有相当的社会地位。他们注重外表形象，精于打扮，有时会把真正的自我与工作角色混为一谈。然而，他们可能过于关注外界的认可和成就，而忽略了内心的需求和情感。进化后的3号成就型的人能够成为有效的领导者、优秀的组织者、能干的推销者以及胜利团队的领军人物。

在生活和工作中，我们很容易就能分辨出3号成就型的人，因为他们在人群中往往是最亮眼的存在，就像孔雀一样喜欢展示自己美丽的外表。在外形上，他们注重自己的形象，非常重视穿着打扮，让自己显得更像一个成功者、一个社会精英。他们看起来干练，总有一股力量和锐气。他们的讲话音调通常比较高，铿锵有力，充满气势和力量。在做事风格上，他们总是敢为人先，目标感强，做事效率高，具有很强的竞争意识和成就导向。

笔者在培训课堂上也经常会遇到3号成就型的学员，他们常常是最踊跃发言的，勇于承担班干部角色，并且能够很好地带领小组成员取得更高的小组积分，获得学习奖励。

3号成就型的人的最大优势是他们非常自信，具有一种积极向上的态度。他们勇于承担责任，愿意为了一项工作全力以赴，能够快速进入角色，并拥有带领他人的能力。在他们眼里，没有做不到的事情，只有想不到的事情。然而，他们也有其局限性。由于他们做事效率较高，有时可能会因决策过快而忽视全局，从而导致错误或失败的情况。同时，他们也被称为"工作狂"，他们可能会因为想要证明自己或者过于努力工作而忽视了自己和他人的感受，甚至忽视自己的身体健康。

3号成就型的成长环境

3号成就型的人小时候通常是因为他们的所作所为和取得的成就而受到夸奖，而不是因为他们本身。这让他们认识到，获得他人认可和爱的方式是通过取得成功的表现。因此，他们追求成就和社会价值，认为只有为社会创造价值，才能获得社会的认可。他们努力成为社会精英，塑造成功的形象。例如，美国前总统奥巴马，从小受到外祖父讲述父亲故事的熏陶，坚信自信是一个人成功的秘诀。因此，他经常以积极向上、亲和友善的形象出现在大众面前。

四、4号感觉型

4号感觉型的关注点

4号感觉型的人的注意力在人或物的有用性与无用性之间徘徊，关注虚构事物的优点和现实事物的缺点。

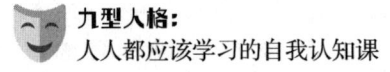

4号感觉型的人格特点

4号感觉型的人热衷于表达个性和情感，对美有高度的敏感度，他们认为美好的感觉是最重要的。他们渴望自己是独特的，因为只有独特才会被爱，生命才有价值。他们的情感世界非常丰富，常常会被感伤的东西吸引，极具情绪化和戏剧化。他们通常具有创造力和想象力，并倾向于追求独特和与众不同的方式。他们性格内向、忧伤、敏感，具有艺术气质。他们可能会因为失去一个朋友而忧伤不已，也会痴心于一个不存在的恋人。然而，他们可能过度关注自己的情感和个人的痛苦。进化后的4号感觉型的人在生活中富有创造力，宁愿自己受苦，也要帮助他人。他们热衷于美的事物和充满激情的生活。

在生活和工作中，我们可以通过一些现象来分辨4号感觉型的人。4号感觉型的人往往给人一种情感丰富、心思细腻、捉摸不定的感觉。他们常常沉浸在自己的感受当中，显得与众不同，同时又喜欢特立独行。工作时，他们和3号成就型的人一样注重结果导向，但3号成就型的人是为了出人头地、为了成就而努力工作，而4号感觉型的人更多是为了证明自己的与众不同而努力工作。因此，4号感觉型的人的工作的动力更多来自情感。但一旦当他们发现自己看好的项目并没有那么美好时，他们也会迅速失去激情。如果人际关系处理得好，他们会激情满满、充满干劲；如果人际关系没有处理好，他们则会情绪化。在九型人格中，有两种人格会经常违反规则：一种是8号开拓型，他们会凌驾于规则之上；另一种就是4号感觉型，他们会觉得自己是独特的，不需要去遵守规则。

4号感觉型的人的最大优势是非常有创意和灵感，总是有与众不同的创意和点子浮现出来。在他们稳定的状态下，他们非常忠贞，认准的事情和工作会不懈努力，试图做到最理想的状态，因为他们对理想化的真实有一份强烈的追求和渴望。他们对苦难有极强的共情能力，非常容易感同身受。然而，他们最大的局限在于容易受情绪和情感影响，不容易让自己稳定下来。这种捉摸不定的情感变化让他们变得孤僻，不愿与他人交流，觉得没有人能真正读懂自己，因此在相处和管理上存在一定难度。

4号感觉型的成长环境

4号感觉型的人的家庭背景一般有两种类型：一种是在童年遭到遗弃；另一种是父母中的一方时而出现、时而消失，并且态度反复无常，让他们感觉被抛弃了。童年时的这种感觉会让他们若有所失，会被遥远而不可得的事物吸引。他们追求个性和独特来彰显自己、支撑自己的自尊心。例如，我们在第二章中马上要解析的歌坛天后，她在很小的时候被父母交给邻居阿姨照顾，很少见到父母。这种感受不到爱的生活所产生的孤独感，让她骨子里害怕稳定关系不会长久，因此她的情感之路也是分分合合。

五、5号思考型

5号思考型的关注点

5号思考型的人希望保留隐私权，对他人的期待很敏感。

5号思考型的人格特点

5号思考型的人喜欢思考和分析问题，通常有着深厚的知识和理解力。他们往往独立思考，不容易受到他人的影响，总是在情感上与他人保持一定的距离，注重自己隐私的保护，不愿被牵扯到他人的生活中。

他们宁愿脱离，不愿参与，对自己的义务和他人的需要感到疲惫，喜欢把责任和义务分清楚，不愿接触其他人和事，也不愿去体验感情。然而，他们可能过于冷静和理智，对感情的表达不够敏感。进化后的5号思考型的人可以成为优秀的决策制定者、象牙塔里的学者，以及自我约束的修道士。

在生活和工作中，我们也可以通过一些现象来分辨5号思考型的人。你会发现5号思考型的人喜欢独处，对私人空间要求比较强烈，不太喜欢和他人聊八卦，也不会花大把时间去参与一些他们看来浪费时间的娱乐活动。他们很喜欢分析和研究事物的真理和本质，反映在行为上就是喜欢看书学习。他们这种爱学习的状态并不是三天打鱼两天晒网，而是几乎每天都会通过各种形式来学习，对知识的渴望已经到了痴迷的境界。而且他们很喜欢将学习到的东西运用于生活和工作中，所以你会发现他们在现实中很睿智、很聪明。他们对物质需求欲望比较低，如果在面包和图书之间让他们选择，他们会毫不犹豫地选择图书，因为他们渴望的是精神世界的富足。

如果是在培训课堂上，5号思考型的学员常常喜欢问"为什么"，他们希望通过问"为什么"来搞懂每个知识点背后的逻辑和原理，这样可以让他们得到满足感。如果遇到他们擅长领域的知识，他们也会滔滔不绝地说出个所以然。

5号思考型的人的最大优势是理性和冷静。面对危机的时候，他们常常能坚持真正的立场和态度，不太会受到情感问题的困扰，更爱研究原理和真相。因此，他们有很强的分析能力，同时又能看到事物的全貌。然而，他们的最大局限在于他们不喜欢参与，情感世界比较薄弱，对他人的感知和感受能力很弱。所以他们在感情的世界里缺少浪漫，喜欢有私人空间，不愿被人打扰。

5号思考型的成长环境

5号思考型的小孩获得父母爱的方式，不像2号通过对他人的付出、3号通过做出优异的成绩、4号通过表现得与众不同。5号思考型的小孩的性格比较封闭，喜欢钻研知识。他们小时候获得爱和认可的方式是："通过钻研少有人涉及的领域做出成绩，获得父母、老师、同学的认可和爱。"因此，他们追求知识和独立，他们相信知识就是力量，喜欢研究事物背后运作的系统。例如，我们在第二章中马上要解析的华人首富李嘉诚，他父亲在他很小的时候就去世，作为长子的他要肩负起照顾家人的重担。他坚信知识可以改变命运，无论条件多艰苦，他依然坚持学习，直到现在还保持每天看书、读报的习惯，为的就是获取最新信息，掌握经济的走向。

六、6号忠诚型

6号忠诚型的关注点

6号忠诚型的人在环境中搜寻隐藏着他人意图的线索。

6号忠诚型的人格特点

6号忠诚型的人注重安全和稳定，充满责任心和忠诚。他们通常善于预测风险并采取行动。他们用怀疑的目光看待一切，因为怀疑而害怕，进而感到疲惫。他们倾向于用思考替代行动，在采取行动时犹豫不决，害怕受到攻击。他们对失败的原因非常敏感，反对独裁，愿意自我牺牲，而且非常忠诚。他们有两种极端表现：一种是在面对恐惧时会把自己保护起来；另一种是可以勇敢地站出来面对恐惧，以积极主动的方式化解疑惑。然而，他们可能容易陷入焦虑和恐惧，对未知的情况感到不安。进化后的6号忠诚型的能够成为团队中的好成员、忠实的战士和朋友。当他人在为自身利益工作时，他们往往会为某种理想而工作。

在生活和工作中，我们可以通过一些现象来分辨6号忠诚型的人。由于6号忠诚型的人非常小心谨慎，善于防患于未然，因此他们在生活和工作中常常会做很多检查和准备工作。例如，写方案时会不断重复补充内容，规避可能出现的风险；做项目时会不断反复检查流程和现场；出差时总是准备很多生活用品或备用药品等。然而，当真正的问题出现时，他们又能展现出让人惊讶的镇定和冷静。因为在他们心中，类似的问题已经预演过无数次，所以当问题真正出现时，他们可以冷静应对。如果是在培训课堂上，他们一般比较沉默和保守，很少发言，性格也比较温和。因为他们是偏理性的人，不认真观察很难发现他们。

6号忠诚型的人的最大优势是考虑问题比较周全，喜欢谋划和规划。同时，只要是他们认可的企业、项目或个人，他们会非常忠诚。他们不会轻易承诺，但一旦承诺就会信守承诺，比较讲究诚信。然而，他们的最大局限在于过分恐惧和担忧，往往让自己感到焦虑。当他们被恐惧和担心占据时，他们往往无法客观地做出决定。

6号忠诚型的成长环境

6号忠诚型的人小时候通常成长在一个缺乏安全感的家庭环境中。这种不安全感可能来自外界，如社会动荡、不稳定、不安全，也可能来自家庭内部，通常是父母情绪阴晴不定，让孩子时刻保持警惕。因此，他们追求安全和信任，认为可信赖的亲友和领导就是真理，一旦获得他们的信赖，就会非常忠诚守信。例如，我们在第二章中要介绍的雷总和任总的故事。雷总出生于湖北的一个普通家庭，少年时期亲历物质匮乏，这种环境塑造了他对"稳定"的渴望。任总则出生于贵州偏远山区，家境贫寒，家中兄妹众多，饥饿与动荡成为常态。他们都因早年的不安全感，形成了居安思危的意识。雷总通过系统思维构建企业的护城河，任总则凭借"狼文化"凝聚团队力量抵御外部威胁，他们的经历表明，6号忠诚型人格者在面对复杂环境时，会通过谨慎和尽责来寻求安全感。

七、7号活跃型

7号活跃型的关注点

7号活跃型的人注意力集中在快乐的精神联系和欢乐的未来计划上。

7号活跃型的人格特点

7号活跃型的人认为，开心、快乐、自由是最重要的。人生短短几十年，一定要让自己开开心心地度过每一天。他们充满了乐观和活力，喜欢尝试新鲜事物和寻找刺激。他们通常具有很高的自我激励能力，并擅长解决问题。他们像孩子一样保持着天真的心态，是充满童趣的成年人。他们兴趣广泛，爱好冒险，喜欢美食和美酒。他们不愿意做出承诺，总是希望拥有多种选择，总是希望处在情绪的高潮中。他们是乐天派，喜欢热闹，享受前呼后拥的感觉。然而，他们可能过于追求快乐和兴奋，对困难和挫折缺乏耐心，做事常常半途而废。进化后的7号活跃型的人可以成为优秀的综合管理者、理论家，也可以成为一个多才多艺的人。

在生活和工作中，我们也可以从一些现象分辨出7号活跃型的人。

例如，他们喜欢将朋友连接起来，喜欢组织很多聚会活动，在活动场合喜欢表达。当他们开心的时候，说话声音会越来越大，甚至一发不可收拾。他们兴趣比较广泛，精力充沛。你会发现他们什么都会一点儿：一会儿学乐器，一会儿学体育运动，一会儿学一项新奇的技能，但往往他们角色转换很快。他们说话语速也很快，常常让他人跟不上他们的节奏。他们有一种"迷之自信"，看重自由和平等。你会发现他们在任何人面前都很坦荡，他们眼里没有权威，相处模式很平等。如果在课堂上，那些好动、坐不住、喜欢活跃课堂气氛的学员，一般都是7号活跃型学员。

7号活跃型的人的最大优势是积极正面、开心活跃，他们总是用快乐去感染他人。他们同样很有创造力，很自信，在他们面前没有什么是不可能的。然而，他们的最大局限是不够专注，总是浅尝辄止，不够深入。他们也会给人一种不顾及他人的感觉，因为他们的思维比较活跃，他人很难跟上他们的节奏。他们想法很多，经常变化，容易给人一种无所适从、言而无信的感觉。

7号活跃型的成长环境

7号活跃型的人的童年通常充满美好回忆，他们在快乐中长大，很少有负面情绪，即使有也能很快抽离出来。他们追求快乐，奉行"人生苦短，开心就好"的信条，喜欢追求新鲜事物，寻找乐趣，不喜欢被束缚。例如，我们在第二章中要解析的某综艺主持人就是7号活跃型人格。她成长在一个充满温暖、温馨的家庭氛围中，父母对她想要做的事情都不会阻拦，还会给予鼓励。于是，她形成了大大咧咧、充满欢乐的性格。只要有她在的地方，就会充满欢乐。她给自己起外号"太阳女神"，是因为她想要燃烧自己，温暖他人。

八、8号开拓型

8号开拓型的关注点

8号开拓型的人寻找任何与失控有关的暗示。

8号开拓型的人格特点

8号开拓型的人具有坚强的意志力和领导能力,喜欢面对困难和冒险。他们通常勇往直前,不畏艰难,具有强烈的正义感。他们具有很强的保护能力,愿意保护自己所珍视的人和朋友。他们积极好斗,主动负责,喜欢挑战。他们有时无法控制自己,喜欢公开发泄怒火,展示自己的力量。他们对愿意站出来接受自己挑战的对手充满敬意,与他人的接触方式往往是通过面对面的冲突。然而,他们可能过于强势和咄咄逼人,给他人带来压力。进化后的8号开拓型的人可以成为出色的领导者,尤其善于扮演孤胆英雄的角色。他们也可以成为他人强有力的支持者,愿意为朋友扫除前进道路上的一切障碍。

在生活和工作中,我们也可以从一些现象中分辨出8号开拓型的人。例如,他们总会因为太直接、太强势而与他人产生冲突或争吵,他们行事风格比较强势。同时,他们又是"不打不相识"的坦荡君子,没什么坏心眼,和他人吵着吵着就可能成为很要好的朋友。他们也是"护犊子"的典型代表,会因为保护下属或弱者而与权威做斗争。他们展现出较强的控制欲,喜欢让他人乖乖听话。如果在生活和工作中遇到行事风格强势、喜欢掌控局面的人,他们很可能就是8号开拓型的人。如果是在培训课堂上,8号开拓型的学员往往喜欢和持有不同观点的学员争辩得不可开交,他们声音洪亮,也有可能公然挑战培训师。如果遇到8号开拓型的学员,培训师可以适当与之对抗,硬碰硬,坚持自己的原则,反而会

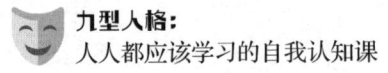
九型人格：
人人都应该学习的自我认知课

获得对方的尊重。

8号开拓型的人的最大优势在于勇敢，他们不怕困难，不畏艰险，充满自信。同时，他们还展现出有爱的一面，愿意去保护身边的人。他们具有很强的正义感，像侠士一样行侠仗义。然而，他们的最大局限在于容易冲动，习惯性愤怒，常常因为攻击性而伤害了身边的人。

8号开拓型的成长环境

8号开拓型的人通常是在充满斗争的环境中长大的。他们要么是孩子王，要么常常在家里挨打，要么经常被灌输竞争和强者生存的思想。因此，他们追求权力和尊重，认为这个世界是讲实力的，有力量才能谈真理。例如，美国有一位对外百般刁难的白人总统，他小时候受到的教育就是一定要强，做什么事情都要拼，一旦不听话就要受到体罚。因此，这位白人总统的行事作风也是充满攻击性的，小时候甚至欺负过同学和老师。当选总统后，他也经常爆出惊人言论，态度直接，手段强硬，只要达到目的就好，形象什么的根本不在乎。

九、9号和平型

9号和平型的关注点

9号和平型的人企图调和他人的计划安排和思想观点，以维持和谐与平衡。

9号和平型的人格特点

9号和平型的人追求和谐与平静，喜欢关注他人的需求并愿意妥协。他们通常温和、和善，并具有很好的化解冲突的能力。他们自身充满矛盾，会考虑各方观点，愿意放弃自己的观点以接受他人的想法，甚至会放弃真正的目的，去做一些没有必要的琐事。他们有时会不知道自己是否应该出现在某个地方或某个团队中。他们为人亲切，不会轻易直接发脾气。然而，他们可能过度顺从，很容易放弃自己的需求。进化后的9号和平型的人能够成为优秀的调解员、顾问、谈判者，只要不偏离方向，就能取得好成绩。

在生活和工作中，我们也可以从一些现象分辨出9号和平型的人。一般情况下，如果你向他们寻求帮助，他们通常不会当面拒绝你，即使想拒绝，也可能会私下和你说，或者答应了却不一定去做。如果遇到需要在两方之间做出选择而得罪另一方的情况，他们会选择和稀泥或者直接逃避。在团队合作中，他们通常会支持他人的想法和观点，经常说："我都可以。""都行吧。""随便吧。"……如果8号开拓型的人与9号和平型的人发生冲突，8号可能会被气炸，因为9号很难吵起来，他们喜欢回避冲突，会选择沉浸在其他事情上以麻醉自己。9号和平型的人的做事风格是最从容不迫的，你越着急，他们反而越能泰然处之。如果是在培训课堂上，他们也是不容易被察觉的对象，他们会显得很舒适悠闲，面带微笑，频繁点头，乐于跟随团队意见，看起来没有脾气和态度。

9号和平型的人的最大优势在于追求和谐，没有攻击性。无论是自己还是团队中存在不和谐因素，他们都会去调节。他们顾及他人感受，容易沟通，比较善良。他们愿意付出，面对他人的求助，一般都不会拒绝。同时，他们拿得起放得下，面对压力，也能泰然处之。然而，他们的最大局限在于为了融入他人而失去自我，同时也可能为了逃避冲突而选择麻醉自己。

9号和平型的成长环境

9号和平型的人小时候通常是被遗忘的孩子。他们的想法没人会去倾听，更不会被重视，甚至还会被打击。于是，他们学会忘记自己，知足常乐，无欲无求。他们追求和谐自在，认为自然、和谐就是真理。他们平和友善，随遇而安。例如，我们在第二章中马上要解析的相亲类综艺节目主持人就是9号和平型人格。他小时候父母管教不严，对他没什么要求。上学时成绩也不好，被老师严厉斥责后就再也没有主动发言过。没有父母严格管教和关爱的9号和平型主持人，一直以来都像他后来在书中描述的那样，活得无拘无束，自在平和。就连主持相亲类综艺节目也是台里的领导安排的，而不是他自己努力争取而来的。

看到这里，有没有找到自己的影子？以上内容也可以很好地帮助我们解释本章开头所做的测试题。可能也会有人想说："听起来，九种型号所追求的，很多都是我的追求啊。像7号追求快乐，我也追求快乐啊。"注意，这里说的追求，指的不是泛泛的追求，而是冰山底下最底层、最极致的唯一选项！在九种追求中，如果只能选其一，你的选择会是什么呢？

我们换个角度，这九种追求也可以转换为九种自我形象，用现在的话来描述，这就是你给自己设定的"人设"。我们也可以通过排除法的方式，或者直接对比的方式来觉察自己唯一极致的追求。现在，你可以暂停下来，在图1.1中选择一个最能代表你追求的词语。这些词语代表了你的价值观、处事的出发点、坚持的真理，看看哪个才是你最在乎的？注意：只能选其一。

第一章
入门：初识九型理论基础

公正/责任 真理：自律，对事不对人	朋友/认可 真理：爱就是真理	成就/社会价值 真理：只有为社会创造价值才能获得社会的认可
个性/独特 真理：现实社会就没有什么真理，真理在童话世界里	知识/独立 真理：知识就是力量	安全/信任 真理：可信赖的亲友和领导就是真理
开心就好 真理：人生苦短，开心就好	尊重/正义 真理：这个世界是讲实力的，有力量才能谈真理	和谐/自在 真理：自然、和谐就是真理

图1.1 九型人格"价值观"九宫格检测

选择好了吗？我们来看看答案，如图1.2所示。

1号自律型 形象：我很自律	2号助人型 形象：我乐于助人	3号成就型 形象：我靠自己的努力成为社会精英
4号感觉型 形象：我很特别，很有品位	5号思考型 形象：我有智慧，有知识	6号忠诚型 形象：我很负责，忠诚守信
7号活跃型 形象：从小人们就说我很聪明，学东西很快，是挺有趣的一个人	8号开拓型 形象：我勇于接受挑战，不喜欢被他人掌控	9号和平型 形象：我很和平、友善

图1.2 九型人格"人设"九宫格答案

最后,我们也对每种型号的人设做个总结,如表1.2所示。

表1.2 九型人格人设总结

九型人格型号	对应人设总结
1号自律型	我很自律
2号助人型	我乐于助人
3号成就型	我靠自己的努力成为社会精英
4号感觉型	我很特别,很有品位
5号思考型	我有智慧,有知识
6号忠诚型	我很负责,忠诚守信
7号活跃型	从小人们就说我很聪明,学东西很快,是挺有趣的一个人
8号开拓型	我勇于接受挑战,不喜欢被他人掌控
9号和平型	我很平和、友善

可能有人会有疑问,为什么这次测试出来的型号和一开始测试的型号结果不一致呢?这里要提醒大家的是,测试是有偏差的,每个人的自我认知也是有偏差的。人是复杂的,也就是说,你可能没有像你想象的那样了解自己。所以,这就是你要学习九型人格的原因。希望通过接下来对每种人格类型的深入剖析,你能跟着我们一起更深入地了解自己,最终明确自己的类型。

同时,在《九型人格》原著中,作者还介绍了九型人格的两翼人格、人格类型的动态变化,以及在安全和压力状态下的表现等内容。本书也会有所介绍,但更详细的内容可以回到原著中细细品味。本书将争取用更通俗易懂的方式,帮助你快速掌握九型人格的核心要点(见图1.3)。

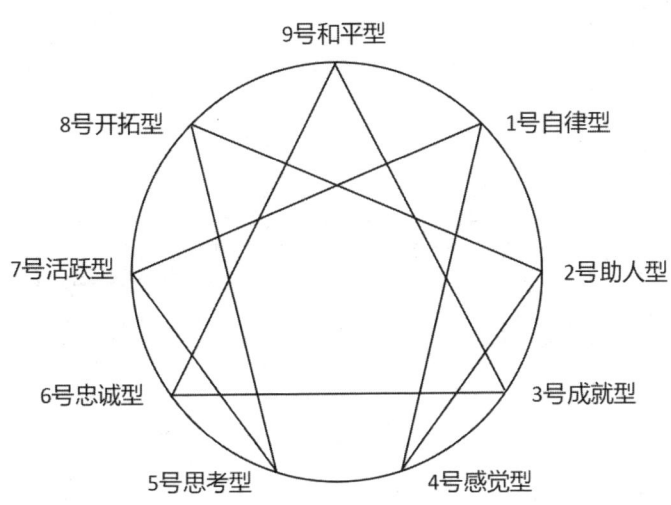

图1.3　九型人格类型图

学习感悟

1. 本节让你印象最深刻的内容是什么?

_____

_____

_____

2. 对你的工作、生活、管理有什么启发?

_____

_____

_____

第四节 九型人格在压力与放松状态下的特征变化

我们不能忽略的是，每个人虽然拥有自己的主要人格特质，但在不同的环境下，还是会表现出与主要人格特质不同的行为。九型人格并没有将这一现象视而不见，而是对其进行了深入的研究和分析。本节我们将了解九型人格在压力与放松状态下会有哪些特征的变化。

一、1号自律型人格在压力与放松状态下的特征变化

1号自律型人格者在正常状态下注重细节和准确性，对错误极其敏感，对工作和生活追求完美。在1号自律型人格者眼中，世界是黑白分明、对错分明的，不存在灰色地带。那么，他们在压力和放松状态下会有怎样的变化呢？

压力状态下的1号自律型

在压力状态下，1号自律型人格者会表现出4号感觉型的特征。他们变得情绪化、戏剧化，并且容易愤怒。这是因为当他人反复犯错时，1号自律型人格者会因自身的"黑白分明"原则而忍无可忍，进而朝对方发

火。然而，发完火后，他们又会陷入自责与懊悔，认为自己的行为是错误的，并希望对方能够理解和原谅自己。此时，1号自律型人格者展现出的情绪化和戏剧化特征正是4号感觉型人格者的典型表现。

放松状态下的1号自律型

在放松状态下，1号自律型人格者会表现出7号活跃型的特征。他们变得活跃灵活，思维更具弹性，创造力和包容性也更强。此时，1号自律型人格者不再纠结于对错，能够放松紧绷的神经，享受片刻的欢愉。

二、2号助人型人格在压力与放松状态下的特征变化

2号助人型人格者在正常状态下关心他人的需求，并愿意为他人付出。他们擅长倾听和提供支持，通常具有较高的同理心。他们希望获得他人的好感和认同，渴望成为他人不可缺少的一部分，从而获得被爱和被欣赏的感觉。那么，他们在压力和放松状态下会有怎样的变化呢？

压力状态下的2号助人型

在压力状态下，2号助人型人格者会表现出8号开拓型的特征。他们会更有力量地表达自己的情绪，甚至变得有攻击性。这是因为在帮助他人的过程中，如果2号助人型人格者始终无法准确把握对方的需求，就会感到压力。他们会不断努力寻找对方的需求点，但如果无论如何都无法满足对方，他们可能会突然大发雷霆，让周围的人大为震惊。因为他们平时总是乐于助人、温和友善，这种突然的爆发会让他人感到意外。

放松状态下的2号助人型

在放松状态下，2号助人型人格者会表现出4号感觉型的特征。他们

会更多地关注自己的需要和感受。以往，2号助人型人格者总是将注意力放在他人身上，但当他们开始关注自身感受时，可能会陷入孤独感和缺失感。此时，他们更渴望得到他人的理解，但如果能理解他们的人迟迟不出现，他们的孤独感就会进一步加深。

三、3号成就型人格在压力与放松状态下的特征变化

3号成就型人格者在正常状态下渴望成功和成就，希望通过自己的行动和成就来获得他人的认可与爱，并致力于实现自己的目标，追求成就感。他们通常自信，有竞争力，并善于组织和领导。那么，他们在压力和放松状态下会有怎样的变化呢？

压力状态下的3号成就型

在压力状态下，3号成就型人格者会表现出9号和平型的特征。他们会追求和平，注重和谐，也会有逃避和麻醉自己的倾向。因为当3号成就型人格者没有得到自己想要的成就，或者在他人眼中并非成功者时，他们会感到间歇性的失落，甚至开始颓废一段时间，通过做一些其他事情来麻醉自己。然而，这种状态通常不会持续太久，因为他们骨子里仍然渴望取得成功，他们很快会重新回归到3号成就型人格者的典型特征。

放松状态下的3号成就型

在放松状态下，3号成就型人格者会表现出6号忠诚型的特征。他们会变得小心谨慎，防患于未然。他们通常是天生的工作狂，平时往往非常忙碌，一旦进入放松状态，空闲时间增多，他们就会开始胡思乱想，担心自己的价值，担心自己的目标是否能够实现，甚至担心自己的未来等。因此，他们也会开始做一些规避问题和风险的准备，因为他们无法

容忍自己陷入平庸。

四、4号感觉型人格在压力与放松状态下的特征变化

4号感觉型人格者在正常状态下渴望自己是独特的，认为只有独特才会被爱，生命才有价值。他们的情感世界极为丰富，常常会被感伤的东西吸引，极具情绪化和戏剧化。他们通常具有创造力和想象力，并倾向于追求独特和与众不同的方式。那么，他们在压力和放松状态下会有怎样的变化呢？

压力状态下的4号感觉型

在压力状态下，4号感觉型人格者会表现出2号助人型的特征。他们会变得愿意去帮助他人，开始变得热情大方。这是因为4号感觉型人格者拥有丰富的情感，对自己身份和价值有强烈的探索需求。当他们面对压力时，会产生情绪的不稳定和困惑，从而开始向外探寻，更愿意去理解和支持他人，以获得他人的理解和支持，最终实现自我探索和个体价值的诉求。

放松状态下的4号感觉型

在放松状态下，4号感觉型人格者会表现出1号自律型的特征。他们会变得追求对错，追求完美主义，情绪也容易出现不稳定。这是因为4号感觉型人格者在放松状态下会更聚焦于内心世界和情感体验，更关注对美感和创造力的追求。此时，他们会被触发对完美主义的追求，试图通过追求个体的优秀和卓越来实现内心的满足和认可。此时的他们往往会比1号自律型更加严厉，更加吹毛求疵，情绪化表现也更为突出，甚至会表达出更具攻击性的语言。

五、5号思考型人格在压力与放松状态下的特征变化

5号思考型人格者在正常状态下喜欢思考和分析问题，通常具有深厚的知识和理解力。他们往往独立思考，不容易受到他人的影响，情感上与他人保持一定的距离，注重自己隐私的保护，不愿被牵扯到他人的生活中。那么，他们在压力和放松状态下会有怎样的变化呢？

压力状态下的5号思考型

在压力状态下，5号思考型人格者会表现出7号活跃型的特征。他们会比平时更加开朗、活跃、积极。这是因为他们注重私人空间，在社交场合中往往会感到压力。为了不引起他人的过多关注，5号思考型人格者会选择表现得与他人相似，更加乐群，这也可以看作一种缓解压力、转移注意力的方式。此外，当5号思考型人格者在思考过程中遇到瓶颈时，也会感到压力。而7号活跃型人格者寻找新刺激的特性可以帮助他们缓解压力、分散注意力。

放松状态下的5号思考型

在放松状态下，5号思考型人格者会表现出8号开拓型的特征。他们的行动力和能量值会显著增加。因为当他们能够在自己擅长的专业领域发挥知识和才能时，正是他们最放松的状态。此时，他们会侃侃而谈、滔滔不绝，显得非常有力量感。

六、6号忠诚型人格在压力与放松状态下的特征变化

6号忠诚型人格者在正常状态下注重安全和稳定，具有强烈的责任心和忠诚度。他们通常善于预测风险并采取行动，但往往会对周围的事

物保持怀疑态度。这种怀疑源于内心的恐惧和不安，容易让他们感到疲惫。他们在行动前往往会过度思考，导致犹豫不决，害怕受到攻击。那么，他们在压力和放松状态下会有怎样的变化呢？

压力状态下的6号忠诚型

在压力状态下，6号忠诚型人格者会表现出3号成就型的特征。他们变得目标感强烈且富有行动力。当处于繁忙的状态时，他们会感受到压力，但这种压力反而使他们没有时间去焦虑。相反，在忙碌的状态下，他们能够享受这个过程，变得更加有目标感，执行力也更强。这是因为当他们专注于具体目标时，内心的恐惧和怀疑会被暂时搁置，从而能够更积极地采取行动。

放松状态下的6号忠诚型

在放松状态下，6号忠诚型人格者会表现出9号和平型的特征。他们更加注重和谐与人际关系。当处于放松状态时，他们会放下平时的怀疑和焦虑，内心开始追求平静与和谐。此时，他们自然会更渴望有一个和谐的外部环境，注重与他人的良好关系，避免冲突和矛盾。这种状态下，他们更愿意通过合作和包容来维持内心的安宁与稳定。

七、7号活跃型人格在压力与放松状态下的特征变化

7号活跃型人格者在正常状态下充满了乐观和活力，喜欢尝试新鲜事物和寻找刺激。他们通常具有很高的自我激励能力，并擅长解决问题。他们像天真的成年人一样，兴趣广泛，爱好冒险，喜欢美食和美酒。那么，他们在压力和放松状态下会有怎样的变化呢？

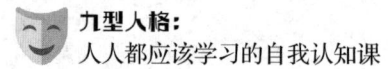

压力状态下的7号活跃型

在压力状态下，7号活跃型人格者会表现出1号自律型的特征。他们开始关注自身的内在感受，注重过程，甚至变得易怒。当他们失去自由或受到束缚时，便会感受到压力。面对压力与焦虑，他们可能会试图通过追求完美、实施控制以及进行规划来抵御内心的不安与恐惧。此时，他们可能会更加注重细节、追求完美，希望通过掌控一切来获取安全感。

放松状态下的7号活跃型

在放松状态下，7号活跃型人格者会表现出5号思考型的特征。他们开始对某一领域进行深入研究，变得专注且安静。当7号活跃型人格者的工作和生活处于安定状态时，其专注力会显著提升，同时也会更倾向于增加私人空间，这与5号思考型的特点相符。此外，随着年龄的增长，7号活跃型人格者会开始做出选择，喜欢深入研究某一事物，并从中获得乐趣。

八、8号开拓型人格在压力与放松状态下的特征变化

8号开拓型人格者在正常状态下具有坚强的意志力和领导能力，喜欢面对困难和冒险。他们通常勇往直前，不畏艰难，并具有强烈的正义感。他们具有很强的保护能力，愿意保护自己所珍视的人和事物。他们积极好斗，主动负责，喜欢挑战。那么，他们在压力和放松状态下会有怎样的变化呢？

压力状态下的8号开拓型

在压力状态下，8号开拓型人格者会表现出5号思考型的特征。他们

会变得冷静，喜欢分析问题，并且更加需要个人空间。当8号开拓型人格者觉得无法掌控局面时，他们会感到压力。为了重新获得掌控感，他们会选择先解决当下所面临的问题，倾向于通过理性思考和保持独立性来应对挑战。这种状态下，他们会更加注重通过分析来找到解决问题的方法，而不是直接采取行动。

放松状态下的8号开拓型

在放松状态下，8号开拓型人格者会呈现出2号助人型的特征。他们变得温和，更加关注他人的感受。当8号开拓型人格者认为一切尽在掌控之中时，他们便会感到放松。此时，他们会将焦点转向身边的人，开始关注他人。与2号助人型人格者在琐事上帮助他人不同，8号开拓型人格者更倾向于在较为重要的事务上给予他人支持与帮助。

九、9号和平型人格在压力与放松状态下的特征变化

9号和平型人格者在正常状态下追求和谐与平静，喜欢关注他人的需求并愿意妥协。他们通常温和、和善，并具有很好的化解冲突的能力。他们自身充满矛盾，善于考虑各方观点，愿意放弃自己的观点以接受他人的想法，甚至会放弃真正的目的，去做一些没有必要的琐事。那么，他们在压力和放松状态下会有怎样的变化呢？

压力状态下的9号和平型

在压力状态下，9号和平型人格者会表现出6号忠诚型的特征。他们开始充满焦虑，寻求安全感和稳定性，避免冲突，同时还会遵循规则和责任感。9号和平型人格者在面对压力和挑战时，可能会感到内心的不安，从而渴望通过寻求安全感和稳定性来缓解这种情绪。他们倾向于在

团队或社群中寻找支持和归属感，通过遵循规则和履行责任来获得心理上的安慰。

放松状态下的9号和平型

在放松状态下，9号和平型人格者会表现出3号成就型的特征。他们开始变得有清晰的目标感。在放松状态下，9号和平型人格者更愿意发挥自己的能力，追求个人价值的实现，并获得认可和成就感。此时，他们会表现出更多3号成就型的特点，例如追求个人成就和成功，增强自信和自我价值感，专注于个人目标和计划。

最后，我们将九型人格在压力与放松状态下的特征变化整合到一张表（见表1.3）内，便于查看和学习。

表1.3 九型人格在压力与放松状态下的特征变化

原型号	压力状态下的变化	放松状态下的变化
1号自律型	4号感觉型	7号活跃型
2号助人型	8号开拓型	4号感觉型
3号成就型	9号和平型	6号忠诚型
4号感觉型	2号助人型	1号自律型
5号思考型	7号活跃型	8号开拓型
6号忠诚型	3号成就型	9号和平型
7号活跃型	1号自律型	5号思考型
8号开拓型	5号思考型	2号助人型
9号和平型	6号忠诚型	3号成就型

学习感悟

1. 本节让你印象最深刻的内容是什么?

   _____

   _____

   _____

2. 对你的工作、生活、管理有什么启发?

   _____

   _____

   _____

第五节 九型人格的三大智慧中心理论

不同的人在面对同样一件事情时会有不同的反应：有些人会出于本能做出反应，有些人会产生情绪或情感上的波动，而有些人则能够冷静地思考和分析。有时我们难以理解不同个体的行为反应，例如，理性的人无法理解感性人的多愁善感，而感性的人又无法理解理性人的谨慎行事。这些处事风格的差异性与我们的潜意识倾向有关，是我们与世界相处和互动的方式。

九型人格将九种人格的遇事反应机制划分为三个主要中心：腹中心、心中心和脑中心，如图1.4所示。这些中心反映了九型人格理论中不同类型在认知、情感和行为上的差异。每个中心都有其独特的动机和特征，但同时也会受到其他中心的影响。

一、腹中心

腹中心（Body Center）也被称为本能中心或感受中心，涉及九型人格理论中的1号、8号和9号。这些类型倾向于通过身体感知和直觉来体验和理解世界。1号自律型着重于道德伦理和责任感；8号开拓型着重于控制和权力；9号和平型着重于和谐与冲突回避。这些类型在面临压力时，可能会在身体上感受到紧张和压力的反应。

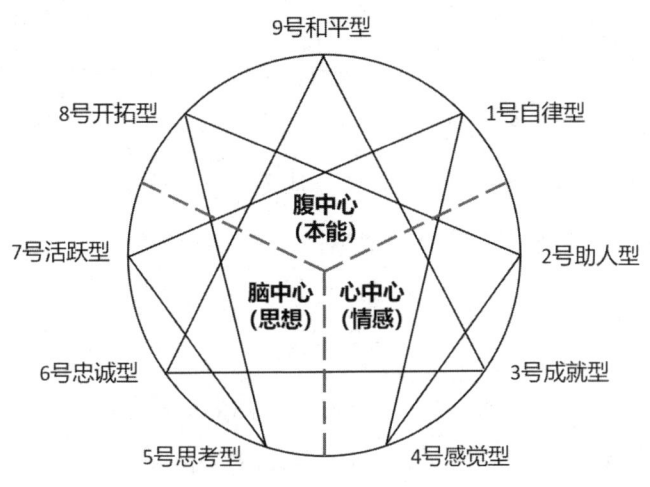

图1.4　九型人格的三大中心

腹中心的人往往是最关注生存问题的，他们通常比较在乎看得见、摸得着的东西。遇事时，他们不会过度思考，也不会情感泛滥，而是着眼于当下问题的解决，行动反应敏捷，对"事"最感兴趣，最有办法，堪称解决问题的专家，行动力强。

1号自律型通常以自我要求和责任感为导向。当遇到事情时，他们的本能反应是立即寻找并解决问题，并追求完美和秩序。

8号开拓型一般表现出很强的领导能力和自信心。当遇到事情时，他们的本能反应是迎接挑战并迅速采取行动。他们可能展现出坚决的意志和决心，努力克服难题，同时保持自己的权力和控制力。

9号和平型通常具有平和而和谐的性格。当遇到事情时，他们的本能反应是寻求和谐与协调的解决方案。他们常常努力平息紧张局势，倾向

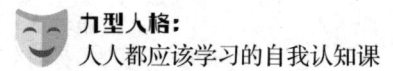

于避免冲突，并寻求平等和互惠的解决方案。

腹中心的人格类型有一个共同的情绪习性，即"愤怒"，也就是他们经常能够感知到的一种情绪习惯。例如，8号容易生气，他们的愤怒是向外的，喜欢直接表达自己的愤怒。9号则倾向于麻醉自己、压抑自己，面对愤怒的情绪时，他们选择自我麻醉而不向外宣泄。1号的愤怒则是先向内的，当他们看到错误时想发火，但又会觉得随意发火也是错的，直到忍无可忍时，他们才会向外发泄愤怒。

二、心中心

心中心（Heart Center）也被称为情感中心或表达中心，涉及九型人格理论中的2号、3号和4号。这些类型倾向于通过情感、关系和自我认同来体验和理解世界。2号助人型着重于他人关系和服务他人；3号成就型着重于成就和成功；4号感觉型着重于个体独特性和情感体验。这些类型在面临压力时，可能会经历情感波动，需要他人的认可和关注。

心中心的人往往是以情绪、感觉和情感来回应世界的，他们的情感比其他中心的人更为浓烈，情感细腻，渴望了解他人并被他人了解，注重与他人建立紧密的情感连接，关注他人的评价，追求爱的感觉，是最在乎"人"和"情"的人格类型，情感直觉敏锐。

2号助人型通常关心他人，喜欢帮助和支持他人。当遇到事情时，他们的本能反应是关注他人的需求并提供帮助，表现出关怀和同理心，积极寻找机会来满足他人的需要。

3号成就型通常专注于目标和成就。当遇到事情时，他们的本能反应是追求成功和卓越，展示出自信和决心，努力达到设定的目标，并寻求他人的认可和赞赏。

4号感觉型通常富有敏感性和创造力。当遇到事情时，他们的本能反应是寻求情感表达和个人独特性，表现出情绪化和内省的倾向，探索自己的情感世界，并追求深度和意义。

心中心的人格类型有一个共同的情绪习性，即"悲伤和羞愧"，也就是他们经常能够感知到的一种情绪习惯。2号经常帮助他人，但极少得到他人的帮助，久而久之就会感到悲伤和羞愧，产生"为什么没有人在意我的需要？为什么没人爱我？"的疑问。3号扮演的是一个成功者的形象，当他察觉到这个成功者形象并不是真实的，或者并没有得到他人的肯定时，就会感到悲伤和羞愧。4号则是向内感受自己的情绪，常常看到生命中的缺失感，感觉被抛弃了，也会因为他人不理解自己，觉得自己不属于某个群体而感到悲伤和羞愧。

三、脑中心

脑中心（Head Center）也被称为思想中心或反思中心，涉及九型人格理论中的5号、6号和7号。这些类型倾向于通过思考、分析和预测未来来体验和理解世界。5号思考型着重于知识和理解；6号忠诚型着重于安全和忠诚；7号活跃型着重于寻求刺激和避免痛苦。这些类型在面临压力时，可能会过度思考、忧虑和担忧。

脑中心的人往往是以思想（思考）来回应世界的，他们习惯于动脑筋去分析、了解、归纳，显得比较理性和深思熟虑。他们对"理"比较感兴趣，而行动力相对薄弱。

5号思考型通常是独立思考者，善于观察和分析。当遇到事情时，他们的本能反应是通过收集更多的信息和知识来增加对事情的理解。他们倾向于保持冷静和客观，喜欢独自思考以制定深入的计划和策略。

6号忠诚型一般重视安全和稳定。当遇到事情时，他们的本能反应是寻找支持和依靠的资源，以应对可能的风险和不确定性。他们可能会表现出谨慎和保守的倾向，寻求他人的意见和建议。

7号活跃型通常是乐观开朗的人，喜欢新鲜刺激和多样性的体验。当遇到事情时，他们的本能反应是寻求创新和变化，以寻找乐趣和兴奋。他们可能会迅速想出解决方案，并展现出积极、乐观的态度。

脑中心的人格类型有一个共同的情绪习性，即"恐惧"，也就是他们经常能够感知到的一种情绪习惯。例如，6号常常感到不安和恐惧，但他们恐惧的事情往往并未发生，他们是先从内心产生恐惧，然后将其投射到外界。7号对压力、束缚、痛苦感到恐惧，他们想去到能让他们感到快乐的地方，但当安静下来时，又会感到恐惧。5号对无知感到恐惧，当他们觉得自己对某件事情不懂、不理解时，就会产生恐惧和空洞感，进而去学习、看书，以消除内心的恐惧。

需要注意的是，每个人均具备脑、心、腹三大中心，即每个人都同时拥有三大中心的智慧。只不过，其中一个智慧中心通常更为发达且突出，个体也习惯于借助这一智慧中心与世界互动。这一特性对于我们认识自己以及他人的行为模式与内在动力具有重要意义。当然，若某一中心较为突出，那么其余两个中心则会相对薄弱。学习九型人格本身也是一种修炼过程，它提醒我们需要加强其他两个中心的修炼。

在实际应用中，许多读者可能会觉得自己的人格类型似乎包含多种特征,这是一种正常现象。当无法特别确定自身人格类型时,我们可先判断自己属于三大中心的哪个区域,随后再从该中心中进一步确定自己的人格类型。例如,若你察觉到自己主要是以情绪、感觉和情感来回应世界的,那么可以确定你属于心中心的人格类型,进而可在心中心的2号、3号、4号中寻找与自己最为契合的类型。腹中心和脑中心的情况亦是如此,可依此方式进行判断。

需要说明的是,部分读者可能会觉得自己既像9号又不完全是9号,这可能与九型人格的两翼(侧翼)有关。在九型人格理论中,9号、3号、6号被称为核心人格,而核心人格相邻的两种人格则构成核心人格的两翼。例如,9号的两翼是8号和1号,3号的两翼是2号和4号,6号的两翼是5号和7号。两翼人格是从核心人格中发展而来的,因此它们与核心人格存在潜在的共同点。前面提到的"9号又不完全是9号"的情况,有可能是9号偏8号,或者9号偏1号。两翼对个体的行为表现也会产生较大影响,这一点在判断人格类型时也需要加以考虑。

除了人格对个体行为会产生影响,心理学家也对其他影响行为的因素做出了研究。研究结论的争议主要集中在两个方面,一个是先天因素,一个是后天因素。作为本节的课外拓展内容,我们也可以对其进行了解。

行为主义理论强调外部刺激对行为的影响。它认为人类行为是对环境刺激的反应,重点关注学习和条件反射的过程。

认知理论强调个体对刺激的解释和主观理解,以及这些过程对行为的影响。它关注思维、决策、记忆和问题解决的角色。

社会学习理论强调通过观察和模仿社会模型来学习和塑造行为。它关注社会环境、观察学习以及个体与环境的相互作用。

　　生物心理学理论关注生物因素对行为的影响，包括遗传、神经科学和荷尔蒙等方面。它研究了生物因素与神经活动对行为的影响。

　　发展心理学研究个体从婴儿到成年阶段的心理发展。它关注遗传、环境、社会和文化因素对个体发展的影响。

　　这些理论和研究成果的综合应用，有助于我们更全面地理解与解释人类行为。同时，心理学还有其他领域的研究理论，用于解释情绪、人格、心理健康等方面的行为影响因素。这些理论和研究成果的综合应用有助于我们更全面地理解和解释人类行为。

学习感悟

1. 本节让你印象最深刻的内容是什么？

___

___

___

2. 对你的工作、生活、管理有什么启发？

___

___

___

— 第二章 —

解读：九型人物案例解析

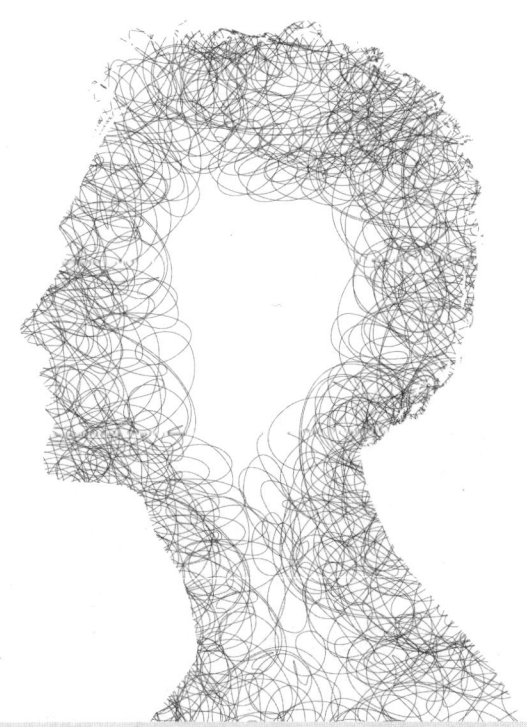

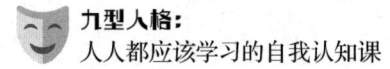

　　本章我们将继续解析九型人格中的各种型号，通过经典代表人物来帮助大家深入了解每种型号的人格属性和行事风格。为了增加趣味性，本章还将采用更具趣味性的解读方法，通过不同型号的对比，让大家更立体地感受不同人格之间的差别，在有趣的人物故事和反差对比中，掌握九型人格分析方法。但由于涉及人物隐私，我们会对案例中人物的姓名进行模糊处理。

第一节

8号开拓型和3号成就型的人物解读

这一节我们要解读的是8号开拓型和3号成就型。我们挑选了两位经典代表人物,都是美国历史上的国家总统。一位是处处制造争端的8号开拓型总统,我们用"白人总统"指代;另一位是风度翩翩的3号成就型总统,我们用"黑人总统"指代。相信大家脑海中已经浮现出他们的形象:一位直接粗暴、充满攻击性,另一位则是风度翩翩、平易近人。

一、白人总统与黑人总统的风格对比

黑人总统就任后,表现得非常亲民。我们经常可以看到他与普通民众握手言笑的照片,他在美国的平民和精英阶层都获得了较高的认同感。3号成就型人格热衷于塑造自己积极向上的正面形象。2015年12月,根据国际民调机构盖洛普的调查,这位黑人总统在最受欢迎的领导人排名中名列第一;2018年4月,他入选2018年世界最受尊敬男士前两名;2009年10月,他还获得了诺贝尔和平奖。

相反,白人总统相对来说就没那么平易近人了。尤其是在美国精英阶层,普遍对这位白人总统缺乏认同感。白人总统是8号开拓型人格,重视权力和控制，不太在意他人对自己的看法，只要达到目的就好。我们经常看到白人总统的惊人言论，例如当众斥责记者、要求盟友缴纳"保护费"等。相比之下，3号成就型人格重视名誉和地位等社会认同，善于与人沟通，在不同场合会展现不同的形象，是出色的社交能手。

通过对比可以发现，白人总统和黑人总统有着截然不同的风格。白人总统，不管他人怎么看他，只要达到自己的目的就好。他表现得独断、专横，具有攻击性，说话直接强硬，不顾及他人的感受和看法。而黑人总统，常常关注他人，非常注重他人对自己的看法，也很注重该国在国际社会的声誉。

二、白人总统与黑人总统的成长经历

为什么两任总统的差别这么大？我们先从他们的成长经历说起。

白人总统的成长经历

白人总统自小生活条件优越，但其父母在子女教育方面非常严格。他们制定了严格的家规，要求所有孩子必须遵守：禁止抽烟酗酒，禁止在家里饲养宠物。同时，他们还向子女灌输一种观念：无论做什么事情，都要做到最强。稍有违抗，就会受到体罚。白人总统的父母认为，只有严厉地对待子女，他们才不会变成只会吸毒、享乐的"富二代"。这种教育方式使得白人总统自小就表现出了很强的攻击性。上小学时，他就是学校里有名的顽皮学生，经常拉扯女同学的头发，上课时大声喧哗，还经常顶撞老师，从不认错。8岁那年，在一次音乐课上，他认为老师不懂音乐，便将音乐老师打伤，致其眼部受伤，差点被学校开除。

13岁那年，父母送他去纽约军事学校求学，希望军校的严格训练能帮助他力争上游。在军校就读期间，他人际关系良好，不仅学业成绩优异，还是运动健将。根据军校老师的回忆，那时的他志在争先，而且会让大家知晓他的优秀。他热衷于与他人竞赛，最喜欢赢得奖牌，无论是在整洁、擦鞋，还是运动等方面，他都表现出色。

1964年从军校毕业后，他进入宾夕法尼亚大学沃顿商学院就读。大学毕业后，他进入父亲的房地产公司工作。然而，雄心勃勃的他并不满足于现有的业务，开始拓展业务至纽约，并兴建豪华大楼，以获取丰厚利润。凭借房地产业务的成功，他还拓展了赌场、高尔夫球场等业务领域，同时进入娱乐行业，成为美国真人秀《名人学徒》等节目的主持人。他在年轻时接受采访时曾说："我可能会竞选总统，我也说不准。"2015年6月，此前从未担任过任何公共职务的他参加了2016年美国总统选举，并于2017年成功当选，成为美国第45任总统。当选后的他，不时发表惊人言论、推出惊人政策，让人大跌眼镜。他态度直接、手段强硬，似乎不太顾及个人和国家形象，只要达到目的就好，努力使国家再次强大。这就是8号开拓型人格的白人总统。

黑人总统的成长经历

3号的前任黑人总统呢？黑人总统的母亲在19岁时便生下了他。两年后，他的父亲便离开了他们母子二人。尽管父亲不在身边，但黑人总统小时候常听外祖父讲述其父亲机智、勇敢的往事，他从那模糊的父亲形象中学会了自信与勇气。外祖父告诉他，自信是人成功的关键。30年后，当黑人总统开始站在各种竞选舞台上自信地宣讲他的理想与主张时，可以相信，这份自信与勇气正如他的自传所写，源于他的父亲，童年时便已在他心中深深扎根。

黑人总统6岁时跟随母亲来到印尼，与继父一起生活。置身于一个完全陌生的环境，他是学校里唯一的外国孩子，常被同学称作"小黑鬼"，但他似乎毫不介意，对自己与其他孩子的不同之处毫无困惑与不满，甚至很快结交了一些新朋友。

出于教育方面的考虑，黑人总统10岁那年，母亲决定将他送回夏威夷，交由外祖父母抚养，并送入当地一所精英预备学校。入学第一天，他在同学的嘲笑中度过，第一次清楚地意识到自己与他人的不同：他的名字、肤色和家庭背景都与众不同。然而，这些都不是问题。他积极乐观，努力融入团队，并在竞争中脱颖而出，这些特质帮助他重新找回自我，并且他毫不犹豫地对他人说："我是一个黑人。"

1988年，黑人总统进入哈佛大学法学院，主修法律，并于1991年以优等生荣誉从哈佛大学法学院毕业。之后，他在著名的芝加哥大学法学院教授宪法长达12年。2007年2月10日，他宣布参加2008年美国总统选举，并于2008年11月成功当选美国第44任总统。

他就任总统后，平易近人，深得美国平民和精英阶层的认同。卸任后，他并未淡出大众视野，而是积极参加各种电视节目，并投身于公益活动。具有3号成就型人格的人热衷于为社会做出贡献，塑造积极向上的正面形象，以赢得他人的爱和社会的认可，因此他们愿意支持社会公益活动，为他人提供帮助。

三、总结：8号开拓型和3号成就型人格的形成和特征

通过白人总统和黑人总统的解析，我们来总结一下8号开拓型和3号成就型人格的形成和特征。

8号开拓型人格的形成和特征

8号开拓型人格通常在充满斗争的环境中成长,他们要么是孩子王,要么常常在家遭受体罚,或者经常被灌输竞争和"强者生存"的思想。因此,他们追求权力与尊重,坚信这个世界以实力为尊,只有具备力量,才能探寻真理。

他们的行为出发点是:我能否掌控局面?充满斗争的童年,使他们内心笃定"强者受人尊敬,弱者遭人欺凌"。为了自保,他们努力使自己变得强大,从而掌控全局。他们行事果断,有时颇具攻击性,会公开表达愤怒,秉持"一不做二不休"的态度。他们态度直接,直言不讳,厌恶拐弯抹角。他们时刻以领导者姿态示人,行事冲动,却也无畏。但他们并非蛮不讲理,同样注重正义与公平。他们善于察觉权力的所在,努力使自己免受他人控制,热衷于支配他人。8号开拓型人格行事风格强硬,凭借自身力量支持有价值的事物,常常成为人群中的领导者,并对自己的信念充满自信。

3号成就型人格的形成和特征

3号成就型人格从小便通过取得成就、表现良好来赢得他人的夸奖与喜爱。因此,他们追求成就与社会价值,认为只有为社会创造价值,才能获得社会的认可,进而努力成为社会精英,塑造成功的形象。

他们的行为出发点是:他们相信只有胜利者才值得拥有他人的爱。所以,他们是精力充沛的工作狂,奋力追求成功,以获取地位与赞赏。他们热衷于表现自我,积极参与各种事务,渴望成为行动中的重要人物;他们善于与人沟通,在不同场合展现不同的形象,是出色的社交能手。他们目标明确,积极进取,善于自我激励,同时也善于表达,能够

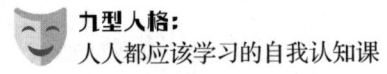

激励他人。

以上就是8号开拓型和3号成就型人格的形成和特征。本节的内容就到这里。在你的工作和生活中,有没有8号开拓型和3号成就型人格的人呢?请将他们写在下方的学习链接中。

【学习链接】

请将你工作和生活中能够代表8号开拓型和3号成就型的代表人物写在下方,并描述对方的哪些行为表现能够说明他是此种型号。

8号开拓型	我身边的代表人物:_____ 他的代表性行为表现:_____ _____
3号成就型	我身边的代表人物:_____ 他的代表性行为表现:_____ _____

第二节 4号感觉型和3号成就型的人物解读

在上一节中,我们剖析了8号开拓型和3号成就型的差别。这一节,我们将探讨4号感觉型的人格特征,以及它与3号成就型之间的不同。

本节我们将解读的是一位特立独行的华语歌手,我们用"歌坛天后"来指代她。她有过几段情感经历:第一段情感的伴侣是一位摇滚歌手,我们用"摇滚歌手"来指代;第二段情感的伴侣是一位香港影星,我们用"香港影星"来指代;第三段情感的伴侣是一位内地影星,我们用"内地影星"来指代。

一、歌坛天后的成长经历与情感之路

4号感觉型人格的歌坛天后,她孤傲、高冷、特立独行,表现出非常明显的4号人格。歌坛天后出生于北京。在她很小的时候,由于父母长年在外地工作,便将她托管给邻居阿姨照顾。她很少见到父母,这种感受不到爱的生活让她内心产生了强烈的孤独感,也让她骨子里害怕稳定的关系不会长久。因此,她的感情之路也是分分合合。

她有几段闹得沸沸扬扬的情感经历。

第一段：她嫁给了才华横溢、有个性、同样是4号人格的摇滚歌手。她不介意在自己大红大紫的时候，放下"天后"的包袱，为摇滚歌手在北京的胡同里早起倒马桶。然而，后来因为摇滚歌手出轨，导致两人的婚姻破裂。

第二段：她和小她11岁、年少轻狂、同样是4号人格的香港影星在一起，这段情感当年惊动了整个娱乐圈。

第三段：和香港影星分手后，她嫁给了有着"中国好男人"之称的3号人格的内地影星。

第四段：再后来，她和内地影星离婚，又和香港影星复合。

我们就从歌坛天后的这几段情感经历出发，来看看4号感觉型人格的特征，以及它与3号成就型的不同。从九型人格的角度来剖析，为什么歌坛天后会和内地影星离婚，又在12年后和香港影星复合。

二、歌坛天后与内地影星的人格差异

内地影星和歌坛天后，一个是3号成就型，一个是4号感觉型，两者的人格差异较大，这也导致他们很难完全理解和认同对方。我们从几个片段来看看。

2011年，内地影星和歌坛天后接受了某知名主持人的访谈。在访谈中，主持人问："你们发现过去彼此不同的地方了吗？"歌坛天后说："内地影星做公益基金帮助唇裂的孩子，我向来不会这样去做。我情愿做独善其身的人，做好自己就行了，我没有想过要扩大到这个层面上。当他提出这个想法的时候，我说不要吧，用不着大张旗鼓做成这样子。"内地影星是把基金会当作事业来做的,而歌坛天后则只想独善其身。

在访谈中,内地影星还被问到喜欢歌坛天后的哪首歌。他沉默了一会儿,然后歌坛天后在旁边说了句"他说不上来"。有意思的是,内地影星没有正面回答这个很简单的问题,而是扯了一堆有的没的,说什么"很难客观去看"。到最后迫于压力,他说了个"传……",完整歌名还是歌坛天后在旁边帮忙说全的。从内地影星这种生疏的态度来看,两人在音乐方面应该没什么共同语言。

2012年,歌坛天后和内地影星出席某珠宝品牌活动。在发布会上,歌坛天后穿着羽绒服,罩着头,黑着脸被请上舞台。作为嘉宾,她还要开箱放飞一箱蝴蝶。大家站在那里说话,歌坛天后一个人弯下腰去捡起那些受伤或死了的蝴蝶,一脸心疼。整个活动过程中,都是内地影星一个人拿着话筒侃侃而谈,而歌坛天后只是在旁边站着,眼睛四处转,脸上透露着不耐烦。当内地影星提到要把活动宣传的钻戒送给歌坛天后时,歌坛天后皱着眉头,表情尴尬,似乎对这种作秀式的秀恩爱比较抵触。拿过钻戒的时候,因为看到脚下的蝴蝶,歌坛天后又把蝴蝶捡了起来,还抱怨说"蝴蝶都被憋坏了",这也是歌坛天后在整场活动中说的唯一一句话。据称,这次商业活动是内地影星把歌坛天后骗过来参加的。出发的时候,内地影星跟歌坛天后说要去某个地方游玩,结果到了当地,内地影星才告诉歌坛天后自己接受了一个商业活动的邀请,必须出席。他还跟歌坛天后解释说,自己骗她是因为知道她不想参加商演。

从这几个片段,我们就可以看得出来3号成就型人格与4号感觉型人格的巨大差异,也能觉察到两人婚姻破裂的原因所在。

正如我们在上一节中提到的，3号成就型人格热衷于为社会做出贡献，以塑造自己积极向上的正面形象。他们喜欢成为公众的焦点，追逐成功和名利。内地影星从小就表现良好，成绩名列前茅。读书时，他被评为自治区十名优秀少先队员之一，并以全市第四名的成绩考上了乌鲁木齐八一中学中学部。初中时，他还担任了班长、团委书记。

从他后来的事业发展和择偶观上，我们可以看出他对名利、成功看得比较重。当年，内地影星演戏走红之后没几年就转行去当了商人，并结交了不少政府人脉。在择偶方面，他的历任女友也是一个比一个大牌。和歌坛天后结婚后，他也时常带着她出席各种活动、接受采访，用妻子的名气为他的事业背书。

三、歌坛天后为什么愿意和香港影星复合

4号感觉型人格更加关注自我，沉浸在自我的世界里，不喜欢被世俗所束缚。在接受采访的时候，歌坛天后也表达过自己的态度，她喜欢低调，并不喜欢在大众面前表现出自己的感性，也很排斥在大众面前作秀。在择偶上，歌坛天后对待爱情感性居多，并不在意对方的物质条件，更在乎是否和自己灵魂相通，有纯粹的情感。就像当年和摇滚歌手在一起的时候，当时的歌坛天后还处在事业上升期，但她义无反顾地选择淡出乐坛，结婚生子。

而同样是4号感觉型人格的香港影星，骨子里和歌坛天后很相似，两人都不在乎是否成为他人理想中的偶像，更不在意他人的看法。2001年，尽管他们不被大众看好甚至被苛责，他们仍然大方地公开这段相差11岁的姐弟恋，坦率地面对媒体的镜头。在各自离婚后，他们也是顶着

各种舆论压力，选择重新在一起。自我、潇洒、随性是他们的特质。

四、4号感觉型人格的形成和特征

通过歌坛天后和内地影星、香港影星的情感经历，我们可以总结一下4号感觉型人格的特征。由于3号成就型在上一节中已经做过解释，我们在这一节中就不再赘述。

4号感觉型人格在童年时期大多经历过被抛弃，或感觉被抛弃的情况。父母中的一方可能时而出现、时而消失，并且态度反复无常。这种经历使得他们通常会带有一股忧郁的气质。他们通常重视非语言沟通，惯于保持静默、随心、随意，喜欢我行我素。他们往往想象力丰富，富有创意及艺术气质，也会觉得自己与众不同，认为自己很独特。他们容易对他人的批评反应过敏，容易对事情产生误解；占有欲强，需要情感上的依靠；行为较为自我，很容易陷入自己的情绪中。

以上就是4号感觉型人格的特征以及与3号成就型的对比。本节的内容就到这里。在你的工作和生活中，有没有4号感觉型人格的人呢？请将他写在下方的学习链接中。

【学习链接】

请将你工作和生活中能够代表4号感觉型的代表人物写在下方，并描述对方的哪些行为表现能够说明他是此种型号。

4号感觉型	我身边的代表人物：_____ 他的代表性行为表现：_____ _____

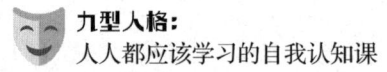

第三节 6号忠诚型的人物解读

在九型人格体系中，6号忠诚型被称为"质疑者"与"守护者"的矛盾结合体。他们以谨慎的危机意识、对团队的忠诚以及对安全感的极致追求著称，既能成为逆境中力挽狂澜的可靠盟友，也可能因过度焦虑而陷入自我消耗的困境。本节我们选择两位6号忠诚型人格的代表人物：一位是偏"防守型"的某手机品牌创始人雷总，另一位是偏"防守反击型"的某通信品牌创始人任总。下面，我们以雷总与任总的成长经历与管理实践为线索，解析6号忠诚型人格"一体两面"的形成逻辑与行为密码。

一、雷总的成长经历

雷总出生于湖北的一个普通家庭，少年时期亲历物质匮乏，这种环境塑造了他对"稳定"的渴望。大学期间，他近乎偏执地钻研技术，曾因担心学业落后而制定严苛的时间表，甚至将宿舍熄灯后的走廊作为"第二自习室"。这种"做最坏打算，尽最大努力"的习惯，正是6号忠诚型人格应对不安全感的典型策略：通过过度准备降低风险。

第二章
解读：九型人物案例解析

大学毕业后，雷总加入一家软件公司，这段经历成为其性格发展的关键节点。6号忠诚型人格常表现出对权威的"依附与质疑并存"：一方面，他们渴望通过忠诚赢得组织的庇护；另一方面，对潜在风险保持警觉。在软件公司，雷总以"劳模"著称，曾连续多年每天工作16小时，甚至因过度投入被同事称为"代码机器"。这种极致尽责的态度，既是对团队安全的守护，也是对自身价值的确认——通过"无可替代的能力"构建心理防线。

2010年，雷总创立手机公司时已年过四十。这一看似冒险的举动，实则暗含6号忠诚型人格的典型策略：用缜密规划对冲风险。他提出"铁人三项"模式（硬件+软件+互联网服务），本质上是通过生态闭环降低单点失败概率；而"性价比战略"则是以价格优势构筑市场护城河。这种"防御型创新"，与6号忠诚型人格"在危机中爆发"的特质高度契合——他们不擅长主动制造变革，却能在外界压力下展现出惊人的韧性。

雷总的管理哲学中，"信任"与"问责"始终并存。他曾在内部信中强调："我们要做让同事睡得着觉的公司。"这一表态直指6号忠诚型人格的核心诉求——通过制度透明化消除不确定性。例如，手机公司推行"全员持股"，将个人利益与组织命运深度绑定；同时建立"战时委员会"机制，在危机中快速凝聚共识。这种"利益共同体"模式，既能满足6号领导者对稳定的渴望，又通过责任分摊缓解过度焦虑。

6号忠诚型人格常陷入"分析瘫痪"的困境，但雷总发展出独特的决策模型：前期依赖大数据分析，如用户需求调研、供应链成本测算，后期凭借直觉果断执行。2016年，手机公司遭遇供应链危机时，他亲自赴工厂驻守，以"三个月解决交付问题"的军令状扭转局面。这一案例体

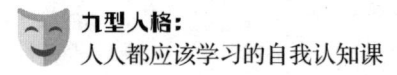

现了6号忠诚型人格的"逆境优势"——当外部压力突破临界点时,他们能抛开疑虑,以破釜沉舟的魄力突破困局。

雷总早期常以"创业者如履薄冰"自省,这与6号忠诚型人格的"负面预设"倾向一致。但随着企业壮大,他逐渐将危机意识转化为文化基因:通过"参与感营销"让用户成为产品共创者,用"生态链投资"分散业务风险。这种"将安全感建立在动态平衡上"的策略,正是健康6号忠诚型人格的进阶形态——从被动防御转向主动构建系统性安全网。

二、任总的成长经历

任总的童年经历深刻塑造了他的6号忠诚型人格特质。他出生于贵州偏远山区,家境贫寒,家中兄妹众多。在物质匮乏的年代,饥饿与动荡成为常态。他曾回忆:"家里每餐饭都要严格分配,连一粒米都要计算清楚。"这种生存环境迫使他过早学会谨慎与预判风险,形成"居安思危"的思维惯性。此外,父亲的遭遇加剧了他对权威的矛盾态度:既渴望依靠可信的指引,又对潜在的背叛保持警惕。

1987年,任总以2.1万元启动资金创立了当时的公司。面对国际通信巨头的垄断,他将团队生存置于首位,提出"狼文化"三大核心:敏锐的嗅觉(预判行业趋势)、不屈不挠的进攻精神(打破技术壁垒)、群体奋斗意识(依赖团队而非个人)。这种策略本质上是对6号"依赖群体安全"特质的升华——通过凝聚团队力量抵御外部威胁。例如,早期研发交换机时资金链几近断裂,任总仍坚持"压强原则",集中全部资源攻坚,最终以技术突破赢得市场信任。

任总的管理哲学中,危机意识贯穿始终。2001年,他写道:"十年来我天天思考的都是失败,对成功视而不见。"这种"预想最坏结果"的思维模式,正是6号忠诚型人格的典型表现——通过提前规划风险,消解内心的不安全感。他要求高管"在阳光灿烂时修屋顶",并在公司如日中天时推动"备胎计划",自主研发芯片和操作系统,以应对可能的供应链断裂。这种"先发制人"的策略,体现了6号忠诚型人格中"反恐惧型"的进攻性特质:将焦虑转化为行动力,主动掌控不确定性。

在任总的诸多管理案例中,我们可以了解6号忠诚型人格的特点。例如,"蓝军机制"是任总设立专门团队模拟竞争对手攻击,以暴露自身弱点的管理制度。这一制度源于任总对"质疑"的重视,体现了6号忠诚型人格善于通过反复验证消除疑虑。再如,"轮值CEO"制度,通过集体决策避免权力集中,既降低个人决策风险,又强化团队忠诚度,符合6号忠诚型人格对"稳定结构"的依赖。

常规的6号忠诚型人格,如雷总,他们是防守型,偶尔也会进攻一下。他们通过谨慎、合作、遵守规则来降低威胁,倾向于寻找可靠的权威(如制度、导师、团队)作为"保护伞",容易表现出犹豫、过度准备。而反6号,如任总,他们相信最好的防守是进攻,所以展现出更多的攻击性。他们通过主动挑战危险来"化解焦虑",看似勇敢实则仍是恐惧驱动,厌恶被动依赖,可能通过反对或取代权威来获得控制感。他们会将焦虑转化为攻击性,显得强硬、叛逆或咄咄逼人。但反6号的攻击性与8号的"不打不相识,打不打得赢打了再说"不一样,他们是谋定而后动的进攻性。

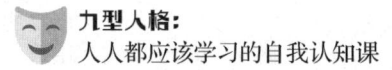

三、6号忠诚型人格的形成和特征

通过雷总和任总的案例,我们可以总结一下6号忠诚型人格的形成和特征。

6号忠诚型人格在童年时期通常成长在一个缺乏安全感的家庭环境中。这种不安全感,有的来自外界,如社会动荡,包括战争、社会不稳定等;有的来自家庭内部,如家庭成员之间的矛盾或经济困难等。因此,他们会用高度警觉的眼神去监察周围环境的变化,喜欢提出质疑,神情中常带有焦虑和不安的表情。他们注重礼节,行事谨慎、详尽,表达不直接,疑问较多,总是在试探。他们具有很强的危机意识,有时会显得有些杞人忧天。然而,他们勤奋,尽忠职守,服从指挥,但需要清晰的指引。他们害怕自己的能力不能胜任,做决定时往往很迟疑,需要明显的证据来支持决策,而且容易反复。在交友方面,他们内外有别,一旦信任某人,就会成为忠诚可靠的朋友。他们不喜欢环境多变,容易因不稳定而感到压力,不轻易尝试新奇的东西或事物。

他们的行为出发点是:是否安全?面对压力和威胁时,他们会有两种不同的行为方式:第一种是退缩,以保护自己免受威胁;第二种是进攻,迎向前去克服它,因而表现出极大的攻击性。

雷总的商业传奇,本质是6号忠诚型人格与时代机遇的共振。他的谨慎不是怯懦,而是以系统思维构建护城河;他的忠诚不止于服从,而是以使命凝聚群体智慧。对于6号忠诚型人格者而言,真正的安全感不在于规避所有风险,而在于相信:即使危机降临,那些因责任而凝聚的力量,终将指引破局之路。正如雷总所言:"站在风口上,猪都能飞起来——但只有准备好翅膀的人,才不会被风吹落。"

任总的故事证明，当"忠诚"与"质疑"达成动态平衡时，6号忠诚型人格不仅能守护组织的安全边界，更能成为颠覆性创新的推动者。正如他所说："惶者生存，偏执者成就伟大。"这或许是对6号忠诚型人格最贴切的注脚——在永恒的警惕中，孕育出超越恐惧的力量。

以上就是6号忠诚型人格的形成和特征。本节的内容就到这里。在你的工作和生活中，有没有6号忠诚型人格的人呢？请将他写在下方的学习链接中。

【学习链接】

请将你工作和生活中能够代表6号忠诚型的代表人物写在下方，并描述对方的哪些行为表现能够说明他是此种型号。

6号忠诚型	我身边的代表人物：_____ 他的代表性行为表现：_____ _____

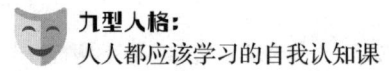

九型人格：
人人都应该学习的自我认知课

第四节 9号和平型的人物解读

本节我们要一起学习的是九型人格中的9号和平型。这次为大家选择的代表人物是某相亲类综艺节目的主持人，我们用"9号主持人"指代。这档相亲类节目从开播起就广受欢迎，收视率仅次于《新闻联播》，该节目的主持人也迅速成为最炙手可热的主持人之一。尽管有着如此高的名气，他却经常在公开场合自称是一个没出息、胸无大志的人。我们就从九型人格的角度，来看看他的人格形成和特征。

一、9号主持人的成长经历

9号主持人的父母是大学同学。毕业后，父亲被分配到西安，母亲被分配到重庆，两人开始了异地生活和工作。在12岁之前，9号主持人没有和父亲一起生活，而是跟随母亲和外婆一起长大。他称自己是"母系氏族"里的孩子，母亲对他管教比较宽松，而外婆相对来说严格一些。他回忆说，小时候对父亲的印象很模糊，只记得父亲那像播音员一样好听的普通话，以及他使用的那些德国产的高级相机。

由于长年两地分居，9号主持人的父母感情并不好。在他高中毕业后，父母离婚了。家庭的矛盾给9号主持人的童年和少年带来了痛苦和阴影。不过，他自己觉得，对他来说影响并不大。

很多人回忆起中学时代都觉得特别纯真、美好，但9号主持人却觉得那是他人生中最黑暗的阶段。那时，他的成绩不好，父母关系也不好。成绩差到什么程度呢？就是考试时老师发下来试卷，他分不清是考物理还是化学。

高二的时候，有一次化学老师说："马上要高三了，我们进行最后一次复习，不懂的现在就问，不要装，不要不好意思，否则过去就过去了，不会再讲了。"当时，9号主持人壮着胆子提了个问题："老师，为什么有环丙烷、环丁烷，没有环甲烷、环乙烷呢？"问题一出口，全班哄堂大笑，老师非常生气并斥骂他："不要拿这些愚蠢的问题来耽误全班同学的时间！"从此，9号主持人彻底沉默，再也没有问过任何问题。后来，老师在上面讲，他在下面入迷地看课外书，经常发出笑声，被老师请出教室。

高考失败后，9号主持人的父母对他的要求就是自食其力，不要走上犯罪道路就好，也没有太大的期望。他的第一份工作是在印刷厂当印刷工，后来在电视台做记者、制片人。真正让9号主持人打开名气的是相亲类综艺节目。

在相亲类综艺节目最火爆的时候，有一次，重庆当地的一个记者找到9号主持人的外婆和妈妈，要他们翻出9号主持人小时候的照片，并告其小时候的住所。第二天，重庆的报纸刊登了这篇报道，9号主持人住过的那栋灰色筒子楼照片下面配的文字说明是"当今中国最红的主持人住过的地方"。一个很有正义感的朋友看到报道后打电话给他，义愤填

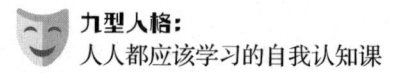

膺。9号主持人倒是没有很在意，还跟朋友解释："家乡人嘛！"

9号主持人在谈到家乡人时说："重庆人挣钱不多，但特别容易满足，尤其是通过吃饭的方式满足。他们全部的热情、精力和想象力似乎都体现在了饭桌上。"可以说，重庆人的乐观豁达，也是造就9号主持人人格的原因之一。

9号主持人曾出版过一本书，在书中，他精准地阐述了9号人格所追求的状态。对于"随遇而安"，9号主持人有如下理解："一路走来，领导交给我的任务，我都非常认真地去完成，努力做到甚至超出领导的期望。在电视台工作的20年里，我所担任的每一个岗位都不是我主动争取来的，而是领导安排的，但我都全力以赴地去做好。比如让我负责开发一个新节目，结果可能不尽如人意，也可能取得成功。人生有多种可能性，就是要不断尝试。虽然我不是一个特别愿意尝试新事物的人，但只要老板需要，我就必须去尝试。"他还曾说："我这一辈子就是这么一种性子。我惧怕所有的挑战和竞争。举个例子，在一个10个人的团队中，如果有8个人能够获得机会，我往往觉得自己就是那剩下的两个人之一。"

在9号主持人的相亲类综艺节目中，他曾经有一位黄金搭档，两位光头搭档，各有各的特色。如果说9号主持人是冷却剂，另一位便是催化剂。另一位主持人自己是这么形容两个人的关系的："节目需要有杠杆，9号主持人是场上的总调度，而我要负责打破节目的均衡性。"所以，你会经常看到9号主持人在节目上总是平和冷静，一般会让大家畅所欲言，当大家争得面红耳赤的时候，他会理性倾听和调和大家。而4号感觉型的搭档主持人则充满个性，说话一针见血，能敏锐地捕捉到他人不易觉察的细节。在镜头面前的他也是情感丰富，动作夸张，让人印象深刻。9号主持人的温和冷静和4号主持人的犀利独到，一唱一和，相得益彰。

二、9号和平型人格的形成和特征

我们来看一下9号和平型人格的形成。

首先是家庭环境的影响。9号主持人小时候通常是被"放养"的，也就是说，父母不太管教他，对他没有太多的要求。9号主持人小时候父亲不在身边，母亲对他管教比较宽松，包括高考落榜后，只要求他自力更生，不要做违法的事就行。

其次是表达自己的想法曾遭到过打击，于是逐渐会隐藏自己的想法，不去表达。

9号主持人的人外表看起来平和、乐观豁达。他们是和平使者，善于了解每个人的观点，却往往不知道自己真正想要的是什么。他们喜欢和谐而舒适的生活，宁愿配合他人的安排，也不愿制造冲突。然而，如果被人施压，他们会变得很顽固，有时甚至会动怒。

他们的行为出发点是：舒服就好，不要给我压力。他们愿意心甘情愿地做事，但不喜欢被逼迫、不喜欢有压力。如果是他们不想做的事情，越逼迫他们，他们会越顽固，因为他们内心追求的是舒服的状态。

在一次接受采访中，9号主持人被问到自己的抗压能力是否很强。他回答道："绝对不算。我面对压力只有一个方法，就是放弃。领导交给我的事情，我会尽力做好，但我不是那种有宏大人生计划的人。"

最后，我们来总结一下9号和平型人格的特征：

- 外表与气质：平和，乐观豁达，悠游自在，朴实无华，不拘小节，节奏较慢；适应能力强，是最佳的聆听者，但他们很少倾诉心声。

- 人际关系：他们是温和的和平使者，待人处世圆滑，懂得逃避压力，善于避免冲突；他们不轻易批评，善于调解，能让关系融洽和谐，是团队矛盾的调节剂。

- 行为特点：他们待人处事随遇而安，以舒服为原则。但他们不喜欢他人给他们压力，遭受压力时会奋力反抗；很难做出选择，喜欢拖延，不喜欢性急。

以上就是9号和平型人格的形成和特征。本节的内容就到这里。在你的工作和生活中，有没有9号和平型人格的人呢？请将他写在下方的学习链接中。

【学习链接】

请将你工作和生活中能够代表9号和平型的代表人物写在下方，并描述对方的哪些行为表现能够说明他是此种型号。

9号和平型	我身边的代表人物：_____ 他的代表性行为表现：_____ _____

第五节　2号助人型和7号活跃型的人物解读

本节我们继续来讲讲舞台上另外一对黄金搭档。他们是国内某综艺节目中的黄金搭档，一位是2号助人型人格的主持人，我们用"2号主持人"指代；另一位是7号活跃型人格的主持人，我们用"7号主持人"指代。

对于他们俩，相信大家都很熟悉。他们主持的综艺节目陪伴了很多人的成长。看过他们主持节目的人都能感受到，2号主持人永远都是那么周到、温暖、会照顾人，而7号主持人的主持风格则是不着边际且跳跃性大。巧妙的是，2号主持人总能接住7号主持人无厘头的梗，制造出最佳的节目效果。当7号主持人发生口误或出错时，2号主持人也能巧妙地圆场。

他们不仅是舞台上的最佳拍档，私底下也是很好的朋友。2号主持人曾经在某节目中对7号主持人说过："感谢这些年你带给我的快乐。我反而不希望你长大，你给我添多少麻烦都没问题。我觉得你就是让我可以无穷尽地去寻找生活的动力和热情的人。"从这句真情"告白"中，我们就能感受到2号主持人的感性，对友情的重视和珍惜，以及7号主持人的活脱、能随时随地给身边人带来欢乐的魔力。

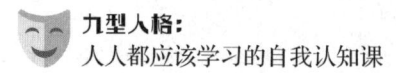

我们就以这两人为代表,看看2号助人型和7号活跃型人格的形成和特征。我们先从2号主持人开始。

一、2号主持人的成长经历

2号主持人小时候家庭条件并不好。他在两岁时生过一场大病,身体瘦弱不堪,这种身体状况也使得他更加自卑、孤僻。在一次采访中,2号主持人表示,因为觉得自己没有什么拿得出手的优势,所以就喜欢参加一些出头露面的活动。小学时,他爱出风头,设计主题班会,出黑板报,给舞蹈队编舞,可以说是四面开花,让他成为数一数二的模范孩子。

2号主持人对老师和同学也都很好。在模拟考试时,他会帮助旁边近视的同学抄黑板上的题目,结果却耽误了自己的考试;他还会把课间餐多余的食物收集起来,拿去给放学路上的困难户小孩;老师扭伤脚,他不仅做拐杖,还每天等老师下班去扶她搭公共汽车。小时候,2号主持人获取爱的方式是先爱他人。在采访中,2号主持人也多次强调自己的家庭很尊重人、懂礼貌。

成年后的2号主持人在同事、朋友中评价很高,这也和他喜欢关注人、帮助人的2号人格特质有着很大的关系。太多人说起2号主持人,会赞赏他高情商,是大家口中的"老好人"。差不多所有合作者、同事、前辈后辈,都给予了他很好的评价。其中一位女演员在一次特别节目中,就分享了她和2号主持人之间发生的一件事。

第一次上综艺节目时,女演员还没有多少名气,现场也没有什么人认识她。那次节目中,她穿着高跟鞋站了很久,等待节目组录制其他明星的环节。录制间隙，2号主持人走了过来，暖心地给她递过来一把椅子，让她坐在那里休息。实际上，在节目的录制现场，很多人都可以为女演员搬一把椅子，反而是把控流程最忙的2号主持人做了这件事。女演员在节目上公开表示，只要这个节目有需要，她会推掉其他工作尽量参加。

还有一次，2号主持人去参加一个晚会。他发现很多人聚在一起狂欢庆祝，只有一位女歌手一个人远远地躲在角落里，低头哭泣。2号主持人没有跑过去跟大家一起玩，而是主动走过去找这位女歌手，笑着跟她讲自己的近况：去了哪里，玩了什么，又见了什么人，遇到了什么有趣的事情……在这位女歌手悲伤难过的时候，其他人都在狂欢，没有注意到她。只有2号主持人主动走过去陪她，这样的行为，令女歌手非常感动！

2号助人型的人能非常敏锐地感觉到他人的需要，他们常常把焦点放到他人的需要上，他们能运用他们天生的同情心，去给予对方真正需要的事物。

在某次录制综艺时，7号主持人讲述了自己一次崩溃大哭的经历。当时，她和2号主持人、导演一起拍摄话剧。导演因为是北京电影学院老师，有比较喜欢"教育"人的职业病。有一次，他就想和7号主持人谈谈心，想让7号主持人多点人生经历和厚度，对演话剧有帮助。他才刚开口说"7号主持人啊，你人生浅薄"，7号主持人瞬间就哭了，边哭边反驳："我怎么浅薄了，我来自一个普通家庭，靠自己努力走到现在，我没有背景是我的错吗！"看到7号主持人哭得不行，导演被吓得不敢往下说了。就在旁边的2号主持人，也开始陪着7号主持人哭，据说两个人把床单都哭湿了，眼睛也都哭肿了。因为2号主持人的陪伴，情绪激动的7号主持人也慢慢平复下来。很多时候，当一个人难过的时候，陪伴就是

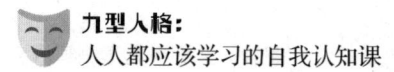

最好的安慰。由此我们可以看出，2号主持人真的很贴心。

二、2号助人型人格的形成和特征

从2号主持人身上，我们可以看到2号助人型人格一般爱笑、容易亲近、乐于助人。我们从2号主持人的事例来总结一下2号助人型人格的形成和特征。

在童年时期，2号助人型人格往往经历过一些让他们觉得自己不值得被爱的事情。为了获得爱和安全感，他们认为自己必须乖巧，讨好他人，满足他人的愿望。这种观念让他们总是不自觉地改变自己，迎合他人，他们在自己最为人所需要的时候感到最快乐。

他们的行为出发点是：希望获得他人的认可与爱。因此，2号助人型人格喜欢与人相处，渴望与他人建立良好的关系。他们希望被爱、被保护，并成为他人生命中的重要部分。为了实现这一目标，他们通常笑容满面，热情可爱，努力打造一个受人喜欢的形象。他们重视关系，有时会讨好他人；他们比较开放热情，乐于助人，善于用心聆听；他们会主动拉近距离，乐于赞赏他人，常看到他人好的一面。因为害怕孤独，他们喜欢成为活动的发起者和组织者。因为希望被他人喜爱，他们难以拒绝他人的请求。他们的行动多由感性推动，而非理性，容易情绪化。

三、7号主持人的成长经历

接下来我们来了解一下在大众眼中充满欢乐、乐观开朗的7号主持人，她有着怎样的成长经历和趣事呢？

7号主持人祖籍广东，因各种历史变故而不得不背井离乡。她成长于父母营造的温暖、安心的家庭氛围中。她的父母从未让她知晓家中欠债的困境，对她总是不加阻拦，永远鼓励她大胆去做。因此，7号主持人形成了如今这样的性格。她也清楚自己的性格，在某个节目中，她评价自己"肤浅"，称自己只关注、只接受快乐的事物。

娱乐圈里很多人都说过，7号主持人是那种发自肺腑地希望他人因她而开心，喜欢让周围的人感到快乐的人。她是一个"捧场王"，生怕冷落任何人，把每个朋友都照顾得特别周到。她宁愿被他人认为"装疯卖傻"，也要让周围充满欢声笑语和正能量。这便是她给自己起外号"太阳女神"的原因，她想要燃烧自己，温暖他人。7号主持人的性格大大咧咧，只要有她在的地方，就会充满欢乐，绝不会出现冷场的情况。无论是玩游戏还是交谈，7号主持人都表现得十分出色，从未有过尴尬的时刻，即便遇到尴尬的场合，她也能巧妙地化解。

近年来，除了与2号主持人搭档的那档综艺节目，在很多其他节目中，7号主持人也开始独当一面，大放异彩，并且获奖无数。在一次采访中，她多次表示："面对未知，从来不是害怕，而是兴奋。"包括她开启一档新的主持节目时，也完全不做任何功课，期待着真实的自己与未知的新节目发生碰撞，产生火花。随机应变是她最大的优势。

除了主持工作，她还跨界唱歌，参演话剧、电影电视剧，可以说是多才多艺。对于这些多重领域和角色，她是这样看待的："有些事找到我，我觉得挺有意思，我就会去尝试一下。但我去尝试的时候，会很认真地去做。不过我并没有因为尝试过就认为自己就是那个领域的人。比如我唱完歌，我不会认为自己就是歌手。我依然清楚自己的主业是什么，其他都只是一些点缀和挑战。"对她而言，好玩和充满挑战才是最

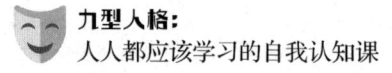

重要的。

四、7号活跃型人格的形成和特征

从7号主持人身上,我们可以总结一下7号活跃型人格的形成和特征。

7号活跃型人格在快乐的环境中成长,他们的童年充满了美好的回忆。即使遭遇像父母离异这样糟糕的事情,他们也不会产生憎恨或抱怨的情绪。因为他们不会让自己陷入不开心的情绪中,而是会通过发现其他有趣的事情,让自己快乐起来。

他们从小到大很善于为身边的亲朋好友营造快乐的氛围,当看到他人因自己而快乐起来时,他们也会感到快乐。

他们的行为出发点是:是否有趣?是否快乐?他们精力充沛,笑容亲切,是人群中的活跃人物;他们喜欢不断探索新奇有趣的事物,勇于尝试新鲜刺激的事情,富有冒险精神;他们讨厌沉闷,享受交际应酬,结识朋友众多,善于逃避不快乐的事情;他们多才多艺,知识面广阔,喜欢拥有多种选择,对未来有很多计划;他们不喜欢被束缚或控制,希望尽可能保留愉快的选择。他们是未来导向者,他们容易接受新的经验、新的人群和新的想法。

以上就是2号助人型和7号活跃型人格的特征。本节的内容就到这里。在你的工作和生活中,有没有2号助人型和7号活跃型人格的人呢?请将他们写在下方的学习链接中。

【学习链接】

请将你工作和生活中能够代表2号助人型和7号活跃型的代表人物写在下方,并描述对方的哪些行为表现能够说明他是此种型号。

2号助人型	我身边的代表人物:_____ 他的代表性行为表现:_____ _____
7号活跃型	我身边的代表人物:_____ 他的代表性行为表现:_____ _____

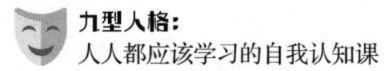

第六节　5号思考型的人物解读

本节我们将和大家一起探讨九型人格中的5号思考型。我们以香港知名的财阀为例，用"华人首富"来指代他。

提到这位华人首富，相信大部分人都如雷贯耳。他稳坐华人首富之位近20年。从他创业至今的60多年里，虽历经多次经济危机，但从未出现过亏损。今天，我们就从九型人格的角度来分析华人首富这一举动背后的原因，探讨他是如何思考的。

一、华人首富的成长经历

我们先从华人首富的成长经历说起。

华人首富出生于潮州的一个书香世家，虽然家境并不富裕，但父亲一辈都是读书人，他的父亲是一位小学校长。他记得小时候，无论父亲走到哪里，他都能感受到父亲受人尊敬、被人看重。这种经历，让他更加坚信，有知识的人是多么令人敬仰。他立志要像父亲一样成为一名教师。在家人熏陶下，华人首富有着极强的求知欲，每天都会在家中的书房阅读到深夜。

后来，抗日战争爆发，年仅12岁的华人首富随家人来到香港投靠舅舅。不久，他的父亲去世，作为长子的他被迫辍学，开始挑起家庭的重担。尽管如此，他从未放弃学习。一开始在茶楼当跑堂时，尽管每天工作15小时，到家后他仍然坚持自修。从他创业至今，他一直保持着两个习惯：一是睡觉之前一定要看书。对于非专业图书，他会抓重点看；如果与公司专业相关，哪怕再难，他也会看完。二是晚饭之后，一定要看十几二十分钟的英文电视，并且边看边跟着大声说，因为他"怕落伍"。华人首富表示，除了小说，他什么书都看，文学、历史、哲学、政治、经济、科学等，对他而言这些都是现代企业家必须掌握的知识。他认为，如果能紧跟社会进步，甚至走在前面，那么对未来趋势的判断会更加准确。跟随华人首富十多年的人透露，每天早晨，他的办公桌上都会摆放一份当日的全球新闻列表。这份新闻列表并非摘要，而是一个个新闻标题，多来自《华尔街日报》《经济学人》《金融时报》等全球知名媒体。他会先浏览，然后选择其中想看的文章，让人翻译出来细读。他之所以这么做，是为了及时了解最新信息。因此，他对资本市场，尤其是国际资本市场有更多了解，并且因此拥有更广阔的经济和经营视野。

在外人眼中，像华人首富这样的人一定周身名牌，顿顿享用山珍海味，享尽天下荣华富贵。然而，事实上，华人首富是一位"食无大肉，衣无重彩"的节俭者，几乎没有什么特别的生活情趣，堪称一位清教徒。他的午餐通常只有一碟青菜、一条小鱼、一杯清水，哪怕是一盘炒河粉，他也吃得有滋有味，心满意足。他住的房子和用的游艇，都是使用了很多年，甚至手上戴的价值26美元的手表，一戴就是很多年。他的西装和皮鞋既不是名牌，也不新颖，总是穿破了补补继续穿。曾经有记者问华人首富，潮州人是不是都很吝啬？他回答："潮州人只是刻苦，而非吝啬。"他还强调："我绝不吝啬，尤其在对公司、社会的贡献以及作为中国人应做的事上，绝不会吝啬金钱。"

华人首富是一个危机感很强的人，他每天90%的时间都在考虑未来的事情。他总是时刻在内心预设公司的逆境，不停地给自己提问，然后想出解决问题的方法。等到危机来临时，他早已做好准备。一个广为传播的事实是，2008年金融危机爆发，而在这之前，华人首富已经准确预见，并早已做好了准备。等到危机来临时，他的集团不但安然无恙，还获得了扩张的机会。

二、5号思考型人格的形成和特征

通过华人首富的例子，我们可以深入探讨5号思考型人格的形成和特征。

我们先来看看他们的成长环境。他们小时候的家庭环境，通常有以下两种情况：

第一种情况是最为常见的，是来自家庭的心理干扰。例如，父母过度情绪化、婚姻问题、性格或健康问题等，这些因素会让5号思考型人格的孩子觉得家中没有可以依靠的支柱。因此，他们只能选择逃避、封闭自己，通过深入研究知识、思考事物来获得安全感。以华人首富为例，父亲病逝后，作为长子的他不得不辍学，挣钱养家。带着父亲的期望和生活的重压，他不得不将自己的梦想和个人情感暂时搁置一边。

第二种情况是觉得自己被抛弃了，或者父母离异。因此，他们会沉浸在自己的世界里，独自玩耍、思考、钻研事物，以此来隔离和封闭自己的情感。

因此，5号思考型人格通常是冷静、深沉且带有书卷气的。他们喜欢逻辑思维和分析，热衷于搜集信息和知识，并且渴望成为某一领域的专家。

他们的行为出发点是：背后的运作原理是什么？这个出发点使得他们非常看重知识的力量。彻底了解事物的运作背景，可以帮助他们建立安全感。他们不仅重视知识、渴望知识，而且善于将浩如烟海的知识分门别类，并归纳成一套套的理论体系。

除了华人首富，5号思考型人格比较典型的代表人物还有科研界的爱因斯坦、钱学森，商界的马化腾，以及投资界的两位大神巴菲特和查理·芒格等。例如，钱学森小时候就开始关注并研究空气动力学，并将其运用到与同学的玩乐中。玩用废纸折的飞镖时，每次都是他投得最远、最准，让同学和老师惊叹不已。老师请钱学森讲解其中的奥秘，钱学森说："飞镖的头部不能太重，否则它会往下扎；也不能太轻，否则头轻尾重，它向上飞一会儿还会往下栽。翅膀太小飞不平稳，翅膀太大就飞不远……"可见，5号思考型人格对于一个事物的钻研是非常深入且有系统的。

5号思考型人格在生活上非常简朴，他们更注重的是丰富自己的精神生活，不断地获取知识。例如，"股神"巴菲特60年来一直住在同一所房子里，从未搬家；多年来他一直开着一辆二手车；早餐也常年在麦当劳解决。以巴菲特拥有的财富，购买千万甚至上亿美元的住宅、上百万美元的豪车简直是易如反掌，但他并没有过奢华的生活。这并非抠门，而是巴菲特的一种生活方式——简单舒适即可。

具有长远目光,能够看到常人看不到的远景,也是5号思考型人格的强项。有趣的是,你会发现很多企业家是8号开拓型人格,他们实干,具有开拓者的大将风范,比如前面提到的那位美国白人总统,他在当选总统之前是一位地产大亨。而大部分投资家都是5号思考型人格,他们沉稳且拥有强大的系统分析能力,能够比他人更精准地预测到未来将要发生的事情,就像刚刚提到的巴菲特和他的搭档查理·芒格。

以上就是5号思考型人格的形成和特征。本节的内容就到这里。在你的工作和生活中,有没有5号思考型人格的人呢?请将他写在下方的学习链接中。

【学习链接】

请将你工作生活中能够代表5号思考型的代表人物写在下方,并描述对方的哪些行为表现能够说明他是此种型号。

5号思考型	我身边的代表人物:_____ 他的代表性行为表现:_____ _____

第七节

1号自律型的人物解读

本节我们还将为大家解析一种型号,即1号自律型。代表人物是一位知名企业家,他不仅带领公司从一家小企业发展成为如今的中国饮料巨头,取得了巨大的商业成功,还因其强烈的社会责任感、诚信、正义和亲民态度备受国民爱戴。在后文中,我们用"宗老"来指代他。

一、宗老的故事与人格表现

宗老的创业历程充满了艰辛与挑战。他在42岁时白手起家,凭借14万元借款,通过产品创新、技术创新和营销创新,逐步建立起中国饮料巨头的知名品牌。他的成功不仅体现在企业的经济效益上,更在于他对消费者的诚信以及对社会责任的履行。

作为一位杰出的商业领袖,宗老始终将诚信和道德标准放在首位,并致力于满足消费者的需求,提供卓越的产品和服务。值得一提的是,旗下纯净水的净含量为596毫升,这一细节曾引起央视记者的好奇。面对记者的提问:"为何净含量不是整数值?"宗老坦诚地解释说:"我们原计划是600毫升,但实际生产时只有596毫升。"这一回答不仅体现了宗老对产品诚信和责任感的坚持，也反映了他对消费者权益的重视。在当下这个竞争激烈、信息快速传播的商业世界中，许多企业为了利益而欺骗消费者已成为一种常态。然而，宗老的这种高度诚信和坦率的态度显得尤为珍贵。也正因为他的这些品质，宗老赢得了众多网友的赞誉和尊敬。

许多企业认为，即使是负面新闻，只要能引起公众注意，也是值得的。然而，在一部广受欢迎的电视剧《狂飙》中，有一个情节：黑帮头目在悼念儿子时，拿出了许多AD钙奶。这让人联想到宗老公司旗下的产品被植入了热门剧集。起初，许多人认为这是宗老的公司所为。但宗老在接受采访时澄清，公司并未为此投入资金，并且AD钙奶被用作黑社会成员的悼念品，这让他感到不快，因为他不希望自己的产品与黑帮有任何联系。宗老认为，他的产品更适合与英雄和正义人士联系在一起。在金钱和利益面前，正义更为重要。做生意时，宗老本人也不搞恶性竞争，做好自己，让他人超过自己，让自己落在后面。

宗老创办的企业是从一个小小的破旧罐头厂起步的，如今已经扩展到拥有81个生产基地和187个子公司，员工数量也从最初的两千多人增长到了超过三万名。尽管集团规模庞大，但其领导层结构却颇为独特，不仅没有设置副总经理的职位，甚至很少见到副总级别的人物。宗老采取了一种直接的管理方式，公司各部门的负责人都直接向他汇报工作，从战略决策到生产设计，他都会亲自参与。用他的话来说，领导层的副总越多，就越容易滋生派系，与其"窝里斗"，不如一个人管所有的事情。宗老自己也曾公开表示，自己在公司"大权独揽"，虽然没有副总职位，但能行使副总权限的员工都是各部门的部长，效果是一样的。

尽管三次登顶中国首富，宗老的生活并没有受到任何影响，他依旧是那个不到7点就上班,晚上11点下班回家的"普通员工"。他的生活看起来单调而节俭。很多时候,他都穿着一件夹克,脚上穿着一双黑色布鞋,如果走在人群中,没有人会把他与首富联系在一起。有一次出差,天气有点凉,他花了9.5元买了一套内衣,随行员工不解,宗老笑着说:"穿在我身上,大家都以为是上千的。"宗老的平民化意识和行为,不仅体现在自己身上,也惠及更多普普通通的人:他花了几十亿元,给全国各地的员工盖了几千套公寓;他连续多年,每年给全国3万名员工发放6亿元年终奖;他明确规定,45岁以上的老员工哪怕体力弱一点、能力差一点,都不能辞退……

二、1号自律型人格的形成和特征

那么,1号自律型人格是如何形成的呢?正如前面几节所介绍的,最根本的影响因素是小时候长辈对我们的教育和期望。1号自律型人格通常形成于一种被父母或长辈高度期望,但难以获得奖赏和回报的环境中。他们的父母或长辈往往比较严厉,或者自我要求很高,会频繁给予指导和批评。由于从小得不到赞美和鼓励,他们会要求自己做到尽善尽美,以此来获得他人的认可和赞美。正因有着对完美的追求,他们时时刻刻都在自我反省和自我苛责。

宗老出生于1945年,成长于一个物质匮乏的贫寒家庭。他的父亲没有工作,母亲是一名小学教师,全家五兄妹依靠母亲微薄的收入维持生计。尽管母亲每天要在学校工作12小时,下班后还要回家照顾弟弟妹妹,但她仍然会在如此紧张的时间中挤出时间来读书和学习,以保住这份教师的工作。宗老不忍心看着母亲日夜操劳,决心帮助母亲分担家务。然而,当时他毕竟年幼,能做的只是让自己坚强起来,多照顾弟弟妹妹，尽量为母亲减少麻烦。

宗老的母亲通常很严格。一次，宗老和弟弟在家附近玩耍时，弟弟看到邻居孩子吃糖，便站定不动，显露出渴望的神情。母亲发现后立即带他们回家，严厉规定：以后再看到别人吃东西，不许停留，要立刻离开，并要求他们不能再出现像今天这样的情况。身为哥哥的宗老也受到了母亲的训斥，母亲告诉他："弟弟年纪还小，肯定无法控制自己。身为哥哥的你，必须严格要求自己，给弟弟做榜样，并要管好两个弟弟。"自从经历了这件事情，宗老变得越发懂事。再遇到邻居孩子吃东西的情景，他都会默默地把弟弟拉走。这段童年的经历，也让他养成了"人穷志不穷"的傲骨。

1953年，宗老到了适龄入学的时候。身为教师的母亲在选择学校时有着自己独到的见解和坚定的态度。因此，宗老被送往了距离家较远的"杭师附小"。在杭州地区，这所学校以其严谨和正规的校风而闻名。宗老一踏入校园，就受到了优质学习氛围的影响，这种影响一直延续到他成年，使他成为一个终身学习者。尽管学校距离家较远，但宗老并未感到不便。与家庭所面临的困难相比，多走几步路显得微不足道。母亲的严格教育和要求，无形中培养了宗老坚强的自制力。

后来，宗老也传承了母亲的教育理念，对女儿的教育和培养采取了既严格又充满爱的方式，言传身教、严格要求。自律自强的企业家精神、俭朴勤奋的家风家规、强烈的社会责任感和慈善精神都传给了女儿。2004年，女儿学成归国后，宗老安排她去基地做生产管理，让她了解最前线、最基层的业务，学会脚踏实地、承担责任、以身作则。在一次重大的工作会议中，父女两人参会坐在前排，当其他人都在看手机时，他们两人坐姿端正，认真听会，这不仅显示了他们对他人的尊重，也体现了他们无法被超越的素养。而且他们都是穿着普普通通的布鞋来参加会议的,这也显示出了他们勤俭节约的品质。

最后,我们通过宗老的行事作风来看看1号自律型人格的基本特征。

他们的行为出发点是:是否公正?有没有原则?是否完美?因此,他们总是关注他人的行为是否正确,是否承担责任。他们注重原则,不易妥协,黑白分明,凡事力求公正,喜欢承担责任,追求完美。他们不仅对自己要求很高,对他人也有同样的标准。

在这样的要求之下,他们内心总有一位严厉的批评家,他们常常处于自责之中,经常关注"应该"做和"必须"做的事情。他们认为,世界上每一个问题最终都有一个正确的解决办法。他们将这种唯一性视为追求目标,而很少考虑是否有其他更好的方式。除此之外,他们也很在意他人的批评,内心常问:"他们是在评判我吗?"在做决定时,他们往往犹豫不决,害怕做出错误的选择。

以上就是1号自律型人格的形成和特征。本节的内容就到这里。在你的工作和生活中,有没有1号自律型人格的人呢?请将他写在下方的学习链接中。

【学习链接】

请将你工作和生活中能够代表1号自律型的代表人物写在下方,并描述对方的哪些行为表现能够说明他是此种型号。

1号自律型	我身边的代表人物:_____ 他的代表性行为表现:_____ _____

到这里，我们已经将九型人格中的各种型号为大家解析完毕。相信通过人物解析，各位读者对自己或身边人的人格类型都会有很好的掌握。我们希望九型人格能成为你的识人神器，帮助你更好地洞悉自己，了解他人。

本章还需要做几点提醒和说明：

第一，每个人都是独一无二的。每种型号可能都有几亿人，九型人格只代表其共性的一面，请勿以偏概全。

第二，学习九型人格重在"照镜子"，即提升自我认知与自我修炼。你可以谨慎且友好地与人交流其人格特质，促进双方的了解与沟通，但切勿乱贴标签或强加于人。

第三，人格的判断没有绝对的标准。测评结果容易受到当下环境及心境的影响。建议在测评的基础上，找专家帮助分析，这样会更准确一些，毕竟"当局者迷，旁观者清"。当然，最终的判断一定是当事人通过学习九型人格、提升自我认知之后的自我洞察。

最后，本章各型号代表人物是专家的判断，有一定的共识，但仍会有不同的意见。请大家保持开放的心态，仁者见仁，智者见智。

— 第三章 —

活用：九型简明识人术

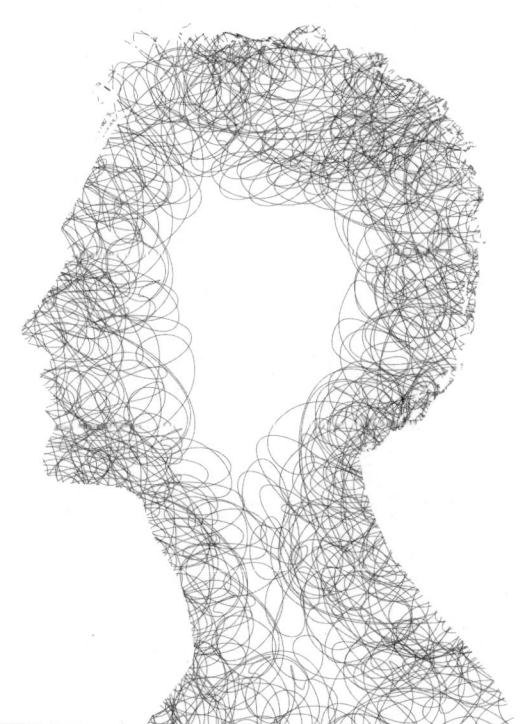

我们在前面两章已经初步了解了九型人格及其相应的人物解析。在本章中，我们将为各位读者介绍九型人格的简明识人术，以便大家能够更好地运用这一工具。然而，需要特别注意的是，心理学的发展历程本身就充满了复杂性。自古以来，心理学一直属于哲学的范畴。直到1874年，德国心理学家威廉·冯特（Wilhelm Wundt）的《生理心理学》出版，心理学才从哲学中分化出来，成为一门独立的科学，并开启了蓬勃发展的历程。1879年，威廉·冯特在德国莱比锡大学建立了第一个专门的心理实验室，这一事件标志着心理学成为一门独立的实验学科。然而，即便如此，心理学的许多研究成果至今仍存在争议，尚未有定论。这充分体现了心理学研究的复杂性。

九型人格的简明识人术同样如此，它并没有绝对的定论。因此，我们希望各位读者能够以辩证的视角来看待这一内容，保持开放的心态去阅读本章的内容。

第一节 识人与自知是人生不可或缺的一种智慧

乔哈里视窗（Johari Window）是一种心理学工具，旨在帮助人们更好地了解自己与他人之间的交流和互动。它由美国心理学家约瑟夫·卢夫特（Joseph Luft）和哈里·英格拉姆（Harry Ingham）于1955年提出，因此得名为乔哈里视窗。

乔哈里视窗将人际交流分为四个方面，即公开区、盲区、隐藏区和未知区，如图3.1所示。

	自己知道	自己不知道
他人知道	公开区	盲区
他人不知道	隐藏区	未知区

图3.1 乔哈里视窗

公开区：公开区是我们对自己和他人都有清晰认识的方面，也称为

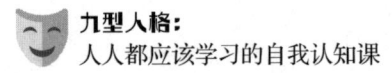

"已知自己"。在公开区，我们以直接、坦诚的方式表达自己的想法、感受、信念和态度。这种开放和透明的交流方式有助于建立互信和良好的人际关系。

盲区：盲区是指我们对自己的一些特质、行为或态度不自觉地认识不足，但其他人却可以察觉到。这些被他人注意到但我们自己没有意识到的特质可能会影响我们与他人的沟通和交往。通过他人的反馈，我们能够了解自己的盲区，并增进自我认知。

隐藏区：隐藏区是指我们意识到自己的一些特质、行为或态度，但选择不向他人展示。这些可能是我们感到不安或不自信的方面，我们选择保留或隐藏起来。然而，这种隐藏也可能导致我们与他人之间的误解和隔阂。

未知区：未知区是指我们对自己和他人都没有意识到的特质、行为或态度。这些未知的区域可能是我们尚未探索或意识到的潜能和可能性。通过积极地与他人互动、不断学习和发展，我们可以扩展和发现自己的未知区。

在实际运用中，乔哈里视窗可以用于个人成长和团队发展。通过了解自己在视窗的不同区域中的特点，我们可以更好地掌握自己的优势和提升领域，同时也增进对他人的理解和尊重。

个人可以通过与信任的朋友、家人或专业人士进行交流来获得反馈，以了解自己在不同区域中的倾向和效果。团队可以利用乔哈里视窗开展工作坊、培训和团队建设活动，通过互动和反馈的方式加强团队合作和沟通。

乔哈里视窗是一个有助于个人增进自我认知、促进有效沟通和建立良好人际关系的有益工具。通过使用这个工具，我们能更好地理解自己和他人，从而建立积极和富有成效的人际关系。

与乔哈里视窗相似，九型人格也是一种理解自己和他人、建立积极和富有成效人际关系的有效工具。它们都通过扩大公开区来达到人际的同频状态。不同的是，九型人格在运用中更聚焦于人格的修炼、领导力提升和管理决策。通过识人与自知方法取得成功的人物比比皆是，识人与自知无疑是人生不可或缺的一种智慧。

在通过自我修炼取得巨大成就的人物中，美国开国功勋本杰明·富兰克林（Benjamin Franklin）堪称典范。富兰克林是美国历史上一位杰出的政治家、科学家、作家和发明家。他出身贫寒，中途辍学，当过学徒，但这些并没有阻碍他成为一位家喻户晓的名人。他最大的目标是成为一位品德高尚的人，为此他经常反思自己，其中写日记是他最喜欢的方式。他常常记录自己的行为和决策，并通过回顾这些记录来分析自己的行为和结果。通过这种方式，他能更好地了解自己的优点和缺点，并对自己的行为做出调整。他不仅关注自身的修炼，还为社会做出了诸多贡献，如参与《美国独立宣言》的起草、参与宪法的制定、投身科学发明、创办学校、组建消防队、推动一系列社会改革等。他通过不断地自我修炼和个人成长，在各个领域都取得了卓越成就。为了纪念他，美国人将他的肖像印在了美元上。

在通过群体认知取得管理成功的人物中，桥水基金的创始人、知名投资人瑞·达利欧（Ray Dalio）也是一位杰出代表。他通过"棒球卡"工具，记录员工的能力表现，形成员工画像，勾勒出员工的能力强弱项，并且"棒球卡"在公司内部是全员公开的。这种做法的好处在于，员工不会再为了掩饰自己的弱点而浪费精力。在能力强弱项公开的环境下，员工在合作时可以找到更好的搭档，从而提高了内部合作成功的可能性。他还引入了类似于棒球卡的"决策记录"概念。员工被鼓励将他们在工作中的重要决策和思考过程记录下来，以便回顾和学习。这种记录类似于一张个人的"棒球卡"，记录了员工在决策和解决问题方面的能力和见解。通过应用"棒球卡"的概念，他在企业内营造了一种注重能力和贡献的文化氛围。这使得员工能够更好地发挥自己的优势，为企业的发展做出贡献。同时，他也借鉴了"棒球卡"的公正和客观性，促进了团队的协作和学习。这种管理方法的成功，使他成为企业管理领域的一位创新者和倡导者，也为桥水基金成为世界上最大的基金公司奠定了基础。

除了国外的名人，中国历史上也有很多识人和自知的名人故事。例如，中国古代的哲学家和教育家孔子，通过自我修炼和深入思考，实现了个人和社会的进步。中国三国时期的重要人物刘备，擅长识人且善于用人。他重用诸葛亮为军师，并与他共同建立了蜀汉，使其成为当时中国政治格局的重要一环。这些故事充分说明，识人与自知一直是人生不可或缺的一种智慧。

在九型人格的日常运用中，我们也要借鉴乔哈里视窗的方法。对于相对公开的区域，我们可以通过观察和倾听来了解一个人；对于相对隐藏的区域，我们还需要借助提问和测试的方法来进一步判断一个人。因此，本章将教大家如何更好地通过"望闻问切"技术来增加对他人的了解，从而扩大公开区域。

学习感悟

1. 本节让你印象最深刻的内容是什么?

   _____

   _____

   _____

2. 对你的工作、生活、管理有什么启发?

   _____

   _____

   _____

第二节

秒测:"三观(世界观、人生观、价值观)"就是你的人格

真正的九型高手能够在日常与人相处的细节中去了解一个人,包括一个人的行为表现、成长环境等。关于人格的形成,心理学界一直存在先天性、后天性以及交互作用的争论。九型人格是一种综合了先天和后天学说的人格理论,同时也涵盖了交互作用的观点。其中,九型人格深入剖析了一个人早年的成长经历对其人格形成的影响。这些早期经历可以让我们形成较为稳定的世界观、人生观和价值观。

人格类型源于生活,因此对人的识别和判断也可以回归到生活。例如,我们可以通过一个人的原生家庭去了解他。通过观察家庭是否注重传统、宗教、道德价值观或其他形式的文化传承,可以揭示个体在成长过程中接受的价值观和信仰。通过观察家庭是否充满温暖、支持性的氛围,或存在紧张、冲突的氛围,以及家庭成员之间的情绪表达方式(如交流方式、冲突解决方式等),可以揭示个体可能具有的行为倾向。通过观察家庭中的教养方式(如是否以严厉或宽松为主)以及家庭中的规则和纪律,可以了解个体在家庭环境中受到的管教和约束。通过观察家庭中是否有重要的变故、挑战或特殊的经历,可以帮助我们理解个体在

家庭中所经历的影响和成长过程等。这种观察方式，在寻找伴侣或了解伴侣时可以作为一个参考因素。关注家庭社会背景、地位和经济条件的传统型"门当户对"观念已经逐渐消亡，而关注家庭世界观、人生观、价值观的人格型"门当户对"越来越受到重视。

本节我们将从一个人的世界观、人生观、价值观入手，简易地去了解和判断自己或他人的人格类型。我们先来看看世界观。

一、世界观简易判断法

世界观是一个人对整个世界的看法和理解，包括对宇宙、自然、社会、人类存在等方面的认知。它是一个人对世界的总体观点和态度，涵盖了对现实的解释、人类存在的意义和目的等方面的看法。

请参考表3.1九型人格的世界观简易判断表，你可以迅速判断一下自己的九型世界观。如果你选择了其中一个世界观，那么这个世界观可以给2分；如果你觉得自己有两个世界观比较接近，那么两个世界观各给1分。

表 3.1　九型人格的世界观简易判断表

①对 vs 错	②爱 vs 不爱	③成功 vs 失败
④想象 vs 世俗	⑤知道 vs 不知道	⑥好人 vs 坏人（安全 vs 危险）
⑦好玩 vs 无聊	⑧强者 vs 弱者	⑨随便 vs 都行

二、人生观简易判断法

人生观是一个人对于自身生命和存在的态度和看法。它包括对生活的理解、对人类生存经验的解释、对个人目标和意义的追求等方面的观点。人生观可以涉及个人的人生目标、幸福追求、价值判断等。

请参考表3.2九型人格的人生观简易判断表，你可以迅速判断一下自己的九型人生观。如果你选择了其中一个人生观，那么这个人生观可以给2分；如果你觉得自己有两个人生观比较接近，那么两个人生观各给1分。

表 3.2　九型人格的人生观简易判断表

①我很自律	②我乐于助人	③我靠自己的努力成为社会精英
④我很特别，很有品位	⑤我有智慧，有知识	⑥我很负责，忠诚守信
⑦从小人们就说我很聪明，学东西很快，是挺有趣的一个人	⑧我勇于接受挑战，不喜欢被他人掌控	⑨我很平和、友善

三、价值观简易判断法

价值观是人们对于道德、行为准则和权衡重要性的看法和评价。它是一个人对于正义、善恶、道德规范等方面的价值判断和取向。价值观可以影响个人的行为选择、态度和行为规范。

请参考表3.3九型人格的价值观简易判断表，你可以迅速判断一下自己的九型价值观。如果你选择了其中一个价值观，那么这个价值观可以给2分；如果你觉得自己有两个价值观比较接近，那么两个价值观各给1分。

表 3.3　九型人格价值观简易判断表

①公正/责任 真理：自律，对事不对人	②友好/关系 真理：爱就是真理	③成就/认可 真理：只有为社会创造价值才能获得社会认可
④个性/独特 真理：真理只存在于童话或艺术世界里	⑤知识/独立 真理：知识就是力量	⑥安全/信任 真理：可信赖的亲友和领导就是真理
⑦开心就好 真理：人生苦短，开心就好	⑧尊重/正义 真理：有实力才有真理	⑨和谐/自在 真理：自然、和谐就是真理

通过以上三观的简易判断，我们可以将分数做一个加总，分数最高

的型号很有可能就是你的九型人格型号。

世界观、人生观、价值观之间有着密切的关系并相互影响。世界观和人生观会影响人们对价值观的看法和评价,而价值观会指导人们的行为和决策。它们共同构成了一个人的认知框架和心智模式,对个体的行为、关系和社会参与具有重要影响。

需要注意的是,世界观、人生观和价值观是由多种因素塑造的,如个人的经验、文化、教育、信仰、社会环境等。不同的人和不同的文化背景可能会形成不同的世界观、人生观和价值观。尊重和理解他人的世界观、人生观和价值观也是学习九型人格的目的之一。

最后,我们来总结一下九型人格的三观、追求的真理和底层恐惧,如表3.4所示。

表 3.4 九型人格的三观、追求的真理和底层恐惧

1 号自律型	2 号助人型	3 号成就型
世界观:对 vs 错 人生观:我很自律 价值观:公正/责任 真理:自律,对事不对人 底层恐惧:怕自己做错、变坏、被腐败、被责备	世界观:爱 vs 不爱 人生观:我乐于助人 价值观:友好/关系 真理:爱就是真理 底层恐惧:害怕孤独、不被爱、不被朋友需要	世界观:成功 vs 失败 人生观:我靠自己的努力成为社会精英 价值观:成就/认可 真理:只有为社会创造价值才能获得社会认可 底层恐惧:怕被人看不起、没有成就、一事无成
4 号感觉型	5 号思考型	6 号忠诚型
世界观:想象 vs 世俗 人生观:我很特别,很有品位 价值观:个性/独特 真理:真理只存在于童话或艺术世界里 底层恐惧:怕生命中有缺陷	世界观:知道 vs 不知道 人生观:我有智慧,有知识 价值观:知识/独立 真理:知识就是力量 底层恐惧:怕被人取缔和驾驭	世界观:好人 vs 坏人(安全 vs 危险) 人生观:我很负责,忠诚守信 价值观:安全/信任 真理:可信赖的亲友和领导就是真理 底层恐惧:怕被遗弃和孤立

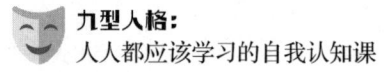

续表

7号活跃型	8号开拓型	9号和平型
世界观：好玩 vs 无聊 人生观：从小人们就说我很聪明，学东西很快，是挺有趣的一个人 价值观：开心就好 真理：人生苦短，开心就好 底层恐惧：怕被限制、被约束、被困于痛苦中	世界观：强者 vs 弱者 人生观：我勇于接受挑战，不喜欢被他人掌控 价值观：尊重/正义 真理：有实力才有真理 底层恐惧：怕被认为软弱，被人伤害、支配、控制、侵犯	世界观：随便 vs 都行 人生观：我很平和、友善 价值观：和谐/自在 真理：自然、和谐就是真理 底层恐惧：怕冲突、矛盾、分离

九型人格中的底层恐惧也是用来判断人格的一种条件。我们在观察世界的时候，有向往的部分，同时与之对应的就是恐惧的部分，这个部分也是我们执着追求的部分。就像《九型人格》原著中的一个故事：一个放牛娃坐在一个三脚凳上挤牛奶。三脚凳的一条腿坏了，于是放牛娃在挤牛奶时，他关注的并不是牛奶，而是凳子的那条坏腿。我们的人生也有很多缺憾的部分。例如，1号自律型人格从小就被严格要求，缺少关爱，他自然而然就形成了害怕犯错和受责备的底层恐惧。我们都是一群一边奔跑又一边害怕下雨的孩子。学习九型人格的另一个意义就在于要学会和自己的恐惧相处。生活并不总是完美无缺的，我们不应该总是纠结于现有的缺陷和不足。相反，我们应该学会接受现实，积极寻找并利用我们所拥有的资源和优势来面对恐惧和困难。

学习感悟

1. 本节让你印象最深刻的内容是什么?

   _____

   _____

   _____

2. 对你的工作、生活、管理有什么启发?

   _____

   _____

   _____

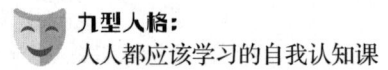

第三节 九型简明识人术——望：相由心生术

望诊是通过观察患者的面色、舌苔、眼神、身体姿态等外部表现来获取诊断信息。中医学认为，人体是一个有机整体，内外相互关联。心理和生理是密切相连的，内心的情绪、情感和精神状态会对身体产生影响。换句话说，人的内在情感和精神状态会从内部反映到外部，进而影响到面部表情、姿态和气质等方面，这就是我们常说的"相由心生"。

面相学在东方最早记载于《礼记》，在西方最早可追溯到古希腊时期。随着科学方法和心理学的兴起，面相学在当代逐渐失去了科学验证和学术地位。然而，面相学仍然在某些文化和传统中存在。现代面相学常被用于演艺界和商业界的角色选拔或面试过程中，被视为一种参考手段。

需要注意的是，本章所介绍的"望闻问切"简明识人术只能作为识人的参考方法，不能作为评估人的唯一准则。

这里，我们一起来回顾一下重要的知识点，这将对理解本节内容有很大帮助。

一、九型人格三大中心

九型人格的九种人格类型可以被分为三个主要中心，如图3.2所示。

这些中心反映了九型人格理论中不同类型之间在认知、情感和行为上的差异。每个中心都有其独特的动机和特征，但同时也会受到其他中心的影响。理解这些中心有助于更好地认识和理解九型人格理论中的不同类型及其行为特征。

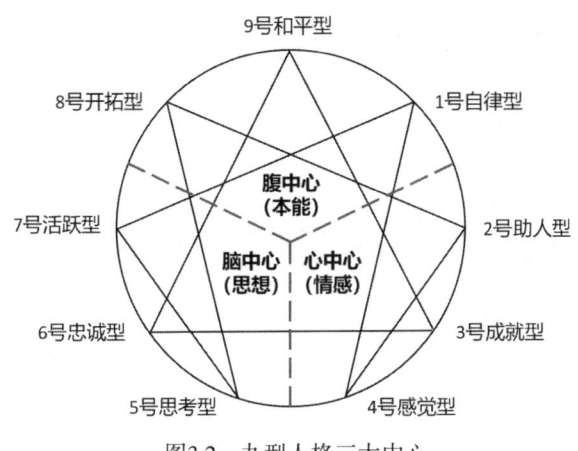

图3.2 九型人格三大中心

心中心

心中心（Heart Center）也被称为情感中心或表达中心，涉及九型人格理论中的2号、3号和4号。这些类型倾向于通过情感、关系和自我认同来体验和理解世界。2号助人型着重于他人关系和服务他人，3号成就型着重于成就和成功，4号感觉型着重于个体独特性和情感体验。这些类型在面临压力时，可能会经历情感波动，需要他人的认可和关注。

脑中心

脑中心（Head Center）也被称为思想中心或反思中心，涉及九型人格理论中的5号、6号和7号。这些类型倾向于通过思考、分析和预测未来来体验和理解世界。5号思考型着重于知识和理解，6号忠诚型着重于安全和忠诚，7号活跃型着重于寻求刺激和避免痛苦。这些类型在面临压力

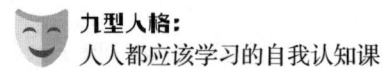

时,可能会过度思考、忧虑和担忧。

腹中心

腹中心(Body Center)也被称为本能中心或感受中心,涉及九型人格理论中的1号、8号和9号。这些类型倾向于通过身体感知和直觉来体验和理解世界。1号自律型着重于道德伦理和责任感,8号开拓型着重于控制和权力,9号和平型着重于和谐和冲突回避。这些类型在面临压力时,可能会在身体上感受到紧张和压力的反应。

有了三大中心的回顾,我们会更容易理解"相由心生术"的判断依据。

二、九型的相由心生术

心中心人格类型的相由心生术

2号助人型的外在形象

2号助人型属于心中心类型,他们喜欢通过情感来表达自己。他们的外在形象通常比较柔和,例如,具有娃娃脸的人很可能是2号助人型。他们常常笑容满面、热情可爱、亲切友善,眼神中总是充满了爱和关怀。他们的穿衣风格比较大众化,能够满足大多数人的审美需求。他们通常认为要先付出爱,才能得到他人的爱。更多特征如表3.5所示。

表3.5 2号助人型的特征

外在形象	关注焦点	行为特征
• 笑容满面 • 热情可爱 • 亲切友善	• 渴望获得他人的认可与爱,主动付出爱 • 心中心——情感 • 第一反应:主动进取	• 重视关系,有时会讨好他人 • 容易感受他人的需要,重视他人的需要更胜于自己的需要 • 开放热情,乐于助人,善于聆听 • 感性推动行动多于理性 • 富有同情心,喜欢照顾他人 • 害怕孤独,喜欢发起活动

3号成就型的外在形象

3号成就型也属于心中心类型。他们的外在形象看起来很精神、注重形象、神采飞扬，具有社会精英的气质。他们精灵醒目、仪表出众，比较干练，有一股锐气，喜欢成为人群中的焦点。他们的眼神也很温暖，但这种温暖多了一份力量感，显得更加自信和外向。他们通常动作快、转变多、手势大。他们渴望得到爱，但获得爱的前提是先让自己取得胜利或成就。更多特征如表3.6所示。

表 3.6 3号成就型的特征

外在形象	关注焦点	行为特征
• 精灵醒目 • 仪表出众 • 人群中的焦点	• 只有胜利者才值得拥有他人的爱 • 心中心——情感 • 第一反应：融合妥协	• 喜欢表现自我，喜欢参与，喜欢成为行动中的重要人物 • 善于与人沟通，是出众的社交能手 • 好胜心和竞争意识强，重视名誉地位等社会认同 • 目标感强，积极进取，想尽各种办法达成目标

4号感觉型的外在形象

4号感觉型也属于心中心类型。他们给人的整体感知是具有艺术家气质，衣着品位极具个人风格，不落俗套，讲究搭配，往往给人优雅又高冷的感觉，不容易靠近。他们的眼神里充满了忧郁感、迷离和深情，目光永远若有所思，想象力丰富。他们非常细腻敏感，让人很难跟上他们的频道。他们需要纯粹的情感依靠，同时又是我行我素的独特个体。他们的动作刻意地优雅，没有大动作，动作缓慢且跟着感觉走。在九型人格中，4号感觉型是最感性的类型之一。更多特征如表3.7所示。

表 3.7 4 号感觉型的特征

外在形象	关注焦点	行为特征
• 衣着品位极具个人风格，不落俗套，讲究搭配 • 忧郁感，目光永远若有所思	• 是否独特 • 是否与众不同 • 心中心——情感 • 第一反应：超脱逃避	• 容易对他人的批评反应过敏，容易对事情误解 • 想象力丰富，富有创意及艺术气质，细腻和拥有敏锐的审美观 • 占有欲强，需要情感上的依靠 • 行为自我，容易陷入自己的情绪中 • 喜欢我行我素

脑中心人格类型的相由心生术

5号思考型的外在形象

5号思考型属于脑中心类型，他们喜欢用思想来表达自己。他们给人的整体感觉是严肃、木讷、不苟言笑，喜怒不形于色，甚至让人感觉冷静得有些可怕。但他们是热爱思考和研究的一群人，所以你会从他们的外在上感受到一种学者的气息：戴着一副眼镜，经常书不离手，高高的脑门，严肃认真，似乎总在思考着什么。他们对物质要求不高，所以穿着一般比较朴实。像大部分的投资者、科学家、学者都是5号思考型。更多特征如表3.8所示。

表 3.8 5 号思考型的特征

外在形象	关注焦点	行为特征
• 严肃、木讷、不苟言笑 • 喜怒不形于色 • 深沉而有书卷气	• 背后的运作原理是什么 • 脑中心——对未知世界的恐惧 • 第一反应：主动进取	• 善于将情感抽离，更倾向于做旁观者，而非参与者 • 喜爱搜集信息与知识，堪称专家型人才 • 偏好逻辑思维与分析，需要全面了解事情，而非仅知部分 • 极为重视个人空间，对社交应酬感到不自在 • 不随波逐流，知识渊博且拥有丰富的精神生活

6号忠诚型的外在形象

6号忠诚型也属于脑中心类型。他们给人的整体感觉是警觉性比较高,当眼神刚接触时,你会感觉到一阵犀利感,但他们又会马上将眼神躲闪开,展现出紧张、眼神不定的状态,看上去比较焦虑和不安,但眼神带有攻击性。他们身体紧绷、拘束、警惕、僵硬防卫。大多衣着传统,低调、保守、稳健,色彩普遍偏暗。6号忠诚型的人是比较焦虑和恐惧的,所以他们需要找到能够依靠的领导,也喜欢安全熟悉的环境。他们是忠诚的代表,像老黄牛一样勤勤恳恳,所以他们身上也展现出明显的踏实、可靠的特质。更多特征如表3.9所示。

表3.9 6号忠诚型的特征

外在形象	关注焦点	行为特征
• 拥有警觉性高的眼神 • 神情里常有焦虑和不安	• 是否安全 • 脑中心——对未知世界的恐惧 • 第一反应:融合妥协	• 警惕性强,有危机意识,有时会杞人忧天 • 勤奋刻苦,尽忠职守,做事认真负责 • 服从指挥,需要清晰指引,决策时必须依据明确的证据 • 是忠诚可靠的朋友 • 不喜欢环境多变,不轻易尝试新奇的事物

7号活跃型的外在形象

7号活跃型也属于脑中心类型。他们给人的整体感觉是精力充沛、搞怪欢乐、活泼爽朗。他们的眼神也非常有神和明亮,与3号成就型的偶像包袱相比,7号活跃型会更机灵、调皮一些。他们表情放松,笑容灿烂,笑点低。着装不按常理出牌,看心情而定,不束缚自己。他们的姿态比较放松,肢体语言丰富,坐不住,活泼好动,动作快,手势夸张,引人注目。在工作中你会发现他们朋友遍天下,很容易与人打交道,学习能力很强,什么都会一点,也能快速做一些东西出来,但容易三分钟热度。他们是开心果的代表。更多特征如表3.10所示。

表 3.10　7 号活跃型的特征

外在形象	关注焦点	行为特征
• 精力充沛 • 搞怪欢乐 • 活泼爽朗	• 是否有趣 • 是否快乐 • 脑中心——对未知世界的恐惧 • 第一反应：超脱逃避	• 喜欢不断探索新奇有趣的事物，勇于尝试新鲜刺激的事情，富有冒险精神 • 善于逃避不快乐的事情 • 讨厌沉闷，享受交际应酬，相识满天下 • 多才多艺，知识广博，喜欢拥有多种选择，对未来有许多计划

腹中心人格类型的相由心生术

8 号开拓型的外在形象

8 号开拓型属于腹中心类型，他们喜欢用本能来表达自己。他们给人的整体感觉是气宇不凡，有大将之风，霸气、鲁莽、直接，让人有压迫感，但同时他们又不拘小节。像方形脸、国字脸、脸型偏大的人大概率是属于 8 号开拓型的人。3 号成就型和 8 号开拓型看起来都是比较有能量和气场的，但 3 号看起来会更加人性化，8 号会更加直截了当。3 号在乎的是你认不认可我，而 8 号更希望获得掌控感。如果 3 号是精英形象，那么 8 号就是更强势的霸总形象。他们常常展现出对抗的姿态，不喜欢拐弯抹角，经常与人发生冲突，对自己充满自信，不怕失败。他们眼神坚定，没有畏惧，一般不会躲避他人的眼神。他们敢于向上级据理力争，但对下属却格外维护，是团队坚实的后盾。更多特征如表 3.11 所示。

表 3.11　8 号开拓型的特征

外在形象	关注焦点	行为特征
• 气宇不凡，有大将之风 • 霸气、鲁莽、直接，让人有压迫感 • 不拘小节	• 我能否掌控 • 腹中心——欲望 • 第一反应：主动进取	• 任何时候都要以领导者姿态出现，喜欢保护和带领他人 • 态度直接，讨厌转弯抹角，有话直说 • 冲动派，喜欢接受挑战，遇强愈强 • 喜欢支配他人，喜欢控制 • 作风硬朗，对自己充满自信，不怕失败 • 凭直觉做决定，行动导向，做了再想

9号和平型的外在形象

9号和平型也属于腹中心类型。他们给人的整体感觉是平和的面容，表情温和舒展，目光友好、善良、温和，不易表现出过于激烈或强烈的情绪。他们的面部表情通常显示出内心的平静和放松。他们的坐立行走比较随意、洒脱，穿着舒适休闲。他们是慢条斯理、平和、温和的使者，对很多事物都充满兴趣，容易接受不同的事物，因此不会轻易批评他人。他们追求关系的融洽与和谐，善于调解矛盾，是非常好的调停者。他们喜欢按自己的节奏工作，不喜欢被施压，遭受压力时会奋力反抗。在人际交往中，他们不会与他人走得太近，展现出等距离外交的状态。他们会听取他人的意见，但有可能坚决不改。更多特征如表3.12所示。

表 3.12　9号和平型的特征

外在形象	关注焦点	行为特征
• 平和 • 朴实 • 慢节拍	• 舒服就好，最好不要让我有任何压力 • 腹中心——欲望 • 第一反应：融合妥协	• 适应能力强，是最佳的聆听者 • 是慢条斯理、平和、温和的使者 • 对很多事物都充满兴趣，容易接受不同的事物 • 待人处世圆滑，懂得逃避压力，善于避免冲突 • 不轻易批评他人，善于调解矛盾，追求关系的融洽与和谐 • 按自己的节奏工作，不喜欢被施压，遭受压力时会奋力反抗

1号自律型的外在形象

1号自律型也属于腹中心类型。他们给人的整体感觉是较严肃的，脸部轮廓清晰，着装整齐端庄，目光如炬，严肃拘谨。1号自律型的人普遍比较瘦，因为他们对自己各方面要求都比较严格，常常眉头紧锁，容易形成川字纹。他们做事情严谨、认真、一丝不苟、效率高，但容易批评和责备自己和他人。更多特征如表3.13所示。

表 3.13　1 号自律型的特征

外在形象	关注焦点	行为特征
• 脸部轮廓清晰 • 着装整齐端庄 • 目光如炬 • 严肃拘谨	• 是否正确 • 有没有原则 • 是否完美 • 腹中心——欲望 • 第一反应：超脱逃避	• 完美主义，自律，公正，对事不对人 • 是非分明，界限清晰 • 原则性强，有责任感和使命感 • 遵守规则，工作严谨、高效、一丝不苟，善于统筹与安排 • 以自身为标准，喜欢批评和责备自己及他人

一个人的外在形象可以初步锁定一个人的人格类型，但它并不是唯一的判断依据，还需要通过其他特征来进一步验证。例如，在面相学中，胡须浓密、眉毛粗重的人通常具有精力旺盛、坚决果断的特征。基于这些外在表现，我们可以初步推测这个人很可能是 3 号成就型或 8 号开拓型人格，但具体属于哪一种，还需要结合更多特征进行综合判断。

同时，需要明确的是，"相由心生术"并不是绝对的。人的气质往往是与生俱来的，而性格则是后天形成的。这种简明的判断方法存在一定的概率性，因此需要辩证地进行判断，不能仅凭外在形象就下定论。

学习感悟

1. 本节让你印象最深刻的内容是什么？

2. 对你的工作、生活、管理有什么启发？

第四节
九型简明识人术——闻：听话听音术

"闻诊法"是指医生通过自己的嗅觉来感知病人身上的气味和气息，结合观察病人的面色、舌苔以及其他外部表现，以达到诊断病情和判断疾病的目的。然而，本节中的"闻"与嗅觉无关，而是主要通过"听"的方式来识别和判断一个人。语言是人们表达思想和情感的一种非常重要的外显行为方式，从一个人的语言风格中，我们可以捕捉到其人格类型。例如，在《红楼梦》中，有一段描述王熙凤"不见其人，先闻其声"的经典桥段。林黛玉惊奇地发现："这些人个个皆敛声屏气，恭肃严整如此，这来者系谁，这样放诞无礼。"从王熙凤的声音中，林黛玉听出了"放诞无礼"的感觉，这体现了王熙凤张扬、大胆、泼辣的作风，由此可以判断王熙凤具有8号开拓型的人格特征。

接下来，我们将探讨九型人格中不同类型的人在沟通风格和常用词汇上的特点和区别。

一、1号自律型的沟通风格和常用词汇

1号自律型的沟通风格和常用词汇如表3.14所示。

表 3.14　1 号自律型的沟通风格和常用词汇

人格型号	沟通风格	常用词汇
1 号自律型	对事不对人，直接，毫不留情，不懂得婉转	应该、不应该，对、错，是、不是，照规矩来，原则，立场，标准，制度，程序

国内某知名直播平台捧红了多位知名主播，其中有位主播是一位比较明显的1号自律型人格。我们从他的沟通风格中可以找到一些蛛丝马迹。

他曾经说过："用行动鼓励、用批判鞭策。""我们从来没有以走红为目的，花无百日红，没有人会把中奖当作一生的目标和最大的成就。"

他经常在直播间用居高临下的口吻给他人发号施令："我们工作人员不要说话，在那边不要说话。""今天咱们回去谈谈，怎么回事，现在怎么膨胀成这样了。"

不难发现，他的沟通风格是偏严厉的，直接且不留情面，因为1号自律型的人对自己和对他人要求都很高。

另外，从他的面部特征上也可以参考判断，他有很明显的川字纹，身材较瘦，这也是1号自律型的典型外貌特征。

二、2 号助人型的沟通风格和常用词汇

2号助人型的沟通风格和常用词如表3.15所示。

表 3.15　2 号助人型的沟通风格和常用词汇

人格型号	沟通风格	常用词汇
2 号助人型	重视关系，婉转，有时会讨好他人，声音比较甜	你坐着，让我来；不要紧；没问题；你觉得呢；认同；感受到；好不好；行不行；要不要；可不可以；舒不舒服

我们在第二章解析过的2号主持人就是2号助人型的代表，他总是能够共情他人，照顾他人。在他的语言中有很大一部分是对人的关注，体现了他为他人着想且不想给他人添麻烦的特点。

他说："当你觉得痛苦的时候，不要再去增加他人的痛苦；当你觉得烦恼的时候，也不要再自寻烦恼，不自寻烦恼，是智慧的表现；不增加他人的痛苦，则是悲心的表现。"

他说："其实我来，并不是非要做你生命里的主角，成为你愿意一再遇见的路人也可以，你快乐就好。"

他说："笑的时候会陪我笑，哭的时候会努力逗我笑，开心的时候总是第一个与我分享，难过的时候亦是第一个想与我倾诉。似乎我们都不用说什么，点点头笑一下就能明白对方的意思，这样的朋友不用太多，一两个就已足够。"

三、3号成就型的沟通风格和常用词汇

3号成就型的沟通风格和常用词汇如表3.16所示。

表3.16　3号成就型的沟通风格和常用词汇

人格型号	沟通风格	常用词汇
3号成就型	目的性强，巧妙，夸张，喜欢突出自己，音调比较高，语速快，铿锵有力	可以，没问题，保证，绝对，最/顶/超，目的，目标，成果，价值，意义，抓紧，行动，能力，认可，面子，形象

在国内一档实习生求职类综艺节目中，有一位让人印象深刻的实习生，我们用"女实习生"指代，她通过自己的表现获得了某头部电器品牌董事长的青睐。

在节目中，女实习生有一个名场面。在众多实习生向董事长介绍自己的时候，她是这样介绍自己的："有热情，然后爱好很多的个性。就比如我从小学习中国舞，目前已经拿到了中国舞最高的等级。如果董事长想看的话，其实也可以稍微展示一下。"于是，在董事长面前跳舞的经典名场面出现了，惊艳了旁人。爱展示自己的女实习生有明显的3号成就型人格特征。

同时，我们可以通过女实习生的语言风格继续参考判断。她曾说："最后，我想说承认欲望和展现自己是一件很酷的事情。我特别想对屏幕前跟我同龄或比我小的女孩子们说：没有你应该做什么，只有你想做什么，没有任何人可以定义你的人生，只有你自己才可以书写自己的大女主剧本。"这种个性鲜明的语言很有3号成就型的特点。

四、4号感觉型的沟通风格和常用词汇

4号感觉型的沟通风格和常用词汇如表3.17所示。

表3.17　4号感觉型的沟通风格和常用词汇

人格型号	沟通风格	常用词汇
4号感觉型	重视非语言沟通，惯性保持静默，随意、随心（似自己与自己对话），感性，自我	我觉得/我感觉，我也不知道为什么，浪漫，感觉，心情，情绪，品位，独特，创意

国内某社交App的创始人，知名互联网公司的副总裁是一个典型的理工男，我们用"大厂副总裁"指代。这位大厂副总裁大概率是5号思考型人格，但从他的沟通风格来看，他更像4号感觉型人格。

他在面试产品经理时，当所有技能合格后，还会再问一个问题："你喜欢摇滚吗？"回答"否"的就算了。

他的朋友说："你的邮箱软件是没有商业模式的，应该要加广告，要盈利。"他回答："为什么非要这样？只要有用户，有情怀就好了。"

他很喜欢《蓝莲花》的歌词，就买下了版权，软件产品入口是这一段："没有什么能够阻挡，你对自由的向往。天马行空的生涯，你的心了无牵挂。"

他说："这么多年了，我还在做通信工具，这让我相信一个宿命，每一个不善沟通的孩子都有强大的帮助他人沟通的内在力量。"

从这位大厂副总裁的沟通风格可以感受到他是一个个性感性、具有艺术气质的理工男，所以他更倾向于4号感觉型人格。

五、5号思考型的沟通风格和常用词汇

5号思考型的沟通风格和常用词汇如表3.18所示。

表3.18　5号思考型的沟通风格和常用词汇

人格型号	沟通风格	常用词汇
5号思考型	习惯理性沟通；惯性保持静默；如说话，直接居多（说自己似在说他人）；就事论事，没有废话	我想……，我认为……，我的分析是……，我的意见是……，我的立场是……，知识，分析，判断，研究，收集，信息，数据，看书，探索，理智

国际某知名投资界大佬是典型的5号思考型人格，我们用"股神"指代。他曾经表示，他一天至少要花三到八个小时阅读，他的语言特点是耐人寻味的，有思考深度的，容易洞悉本质的，具有很强的辩证思维和哲学色彩。

他说："人们并不是梦想赚到更多的钱，而是更多的自由；不是更

大的权利，而是更小的压力；不是更高的地位，而是更富有创造性的满足。"

他说："对你的能力圈来说，最重要的不是能力圈的范围大小，而是你如何能够确定能力圈的边界所在。"

他说："只有在退潮的时候，你才知道谁一直在光着身子游泳！"

六、6号忠诚型的沟通风格和常用词汇

6号忠诚型的沟通风格和常用词汇如表3.19所示。

表3.19　6号忠诚型的沟通风格和常用词汇

人格型号	沟通风格	常用词汇
6号忠诚型	重礼节；谨慎、详尽；不直接；疑问较多（似向人交代）；模糊的语言模式，不太肯定	慢着、等等；让我想一想；不知道；唔……；或者可以的；怎么办呢；万一；我担心；可靠；不一定；风险；遗漏；稳妥；踏实；周全；信任；怀疑；相信

国内某知名直播间还有一位主播，从他的沟通风格其实可以判断他是属于6号忠诚型的人格。

他说："我被贴上了很多标签，土锤、王爷、留白、根号妇女之友、反应慢、情商低、实诚、憨憨等，你们喜欢我的理由大多是因为我像你，像他，像那野草野花。你们觉得我就是另一个你，你们怕我受伤，怕我难过。"

他说："就像刚刚飞机穿行在云层剧烈颠簸的时候，我想万一有个什么闪失（我是说万一），等女儿长大了，她妈妈会怎么向她描绘爸爸的样子。""我当然希望是坚强的，有担当的，极具韧性的，打不倒的，憨憨的，深爱这个世界，也被这个世界温柔以待的，帅得气贯长虹

的男子。"

从他的沟通风格当中可以判断他有较强的忧患意识和善于预判风险，他与另外一名知名"方脸主播"一样，都属于6号忠诚型的人格类型。

七、7号活跃型的沟通风格和常用词汇

7号活跃型的沟通风格和常用词汇如表3.20所示。

表3.20　7号活跃型的沟通风格和常用词汇

人格型号	沟通风格	常用词汇
7号活跃型	习惯于闲谈式沟通；不太在意，即兴，常常忘掉谈话的目的；语出惊人；心直口快；欢快幽默；能言善辩；调动气氛	管他呢；爽；用了/吃了/做了再说；新鲜；兴趣；好奇；快乐；无聊；开心；喜欢；约束

国内某知名搜索引擎公司CEO是一位7号活跃型的企业家，他喜欢尝试各种有趣的事情，例如，讲物理课、跑马拉松、爬雪山等。从他的沟通风格也可以很好地判断出他的人格类型。

他说："人活着就是要搞事情。"

他说："要充分利用自己的兴奋点去学习，不要恐惧未知的东西。就围绕你的兴趣，现在不懂没关系，只去了解那个懂的部分，大脑的构成就是碎片化的。"

他为自己写的墓志铭是："早期把互联网带向中国的几个人之一，创办了一个不错的公司，对物理的大众传播起到了一定的作用，热爱生活和运动。"

另一位知名企业家补充说："如果我来为他写，会在墓志铭上写

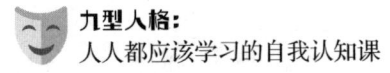

'一个最有意思的灵魂'。"

八、8号开拓型的沟通风格和常用词汇

8号开拓型的沟通风格和常用词汇如表3.21所示。

表 3.21　8号开拓型的沟通风格和常用词汇

人格型号	沟通风格	常用词汇
8号开拓型	直截了当；有力度；唯我独尊；豪爽，易暴躁；不客气（似在下命令）；嗓门大，音量高	喂，你……；我告诉你；为什么不能？马上行动；看我的；跟我走；公平；正义；掌控；果断；就这么定了；干掉；气势；大气；魄力；领导；远大目标；战略计划

我们前面介绍过国内一档实习生求职类综艺节目中某头部电器公司董事长是典型的8号开拓型人格。她是国内少有的极具魄力的女企业家，她曾经说过的一些经典语录也能够体现她8号霸气的人格特质。

她说："我从来就没有失误过，我从不认错，我永远是对的！"

她说："没有淡季的市场，只有淡季的思想。"

她说："个人只要付出艰辛的努力，没有爬不过去的山，也没有趟不过去的河。"

她说："别以为自己很牛，真要觉得自己很牛，拿工作结果出来看，这比你吹牛一万次更有说服力，更能得到公司的认可。"

九、9号和平型的沟通风格和常用词汇

9号和平型的沟通风格和常用词汇如表3.22所示。

第三章 活用：九型简明识人术

表 3.22　9号和平型的沟通风格和常用词汇

人格型号	沟通风格	常用词汇
9号和平型	习惯试探式沟通；点到为止（似在征求意见）；娓娓道来，不慌不忙；语气平平；不争论，善倾听；能不说就不说	你说呢；随便啦/随缘啦；让他去吧；不要那么认真嘛；我无所谓；都可以；你拿主意；你说了算

我们在第二章解析过的某相亲类综艺节目的9号主持人属于9号和平型人格，从他的沟通风格也很容易就可以判断出来。我们通过他的一系列语言风格来体会一下。

他说："我天生就不是一个纠结的人。"

他说："从印刷厂出来后，我妈看我无所事事，整天在社会上混着，痛心疾首，就想让我去电视台打点儿零工。对此我非常抗拒，但最后我被我妈说烦了，也闲得皮痒了，就去了电视台干临时工。"

他说："这么多年，所有的重大决策都不是我本人努力争取的，或者家长指示，或者领导安排。"

他说："我不喜欢'争取'这个状态，人到中年了更加如是。"

他说："我就是本着一个特别朴素的心态，我争取来的事情我干不好你们可以骂我，你们让我干的我干不好你们不能骂我，为了不挨骂所以我也不争取，就这么走过来许多年，也挺好。"

他说："如今领导安排我去干什么，我只要问清楚，这事是必须去做的吗？如果是，我就去做，随遇而安，毫不纠结。"

他说："我只会口语化，我不是有很多姿态可供选择的，我只有一种呈现，就是我自己本来的那种状态。"

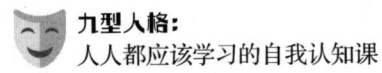

他说:"我有一种弱者心态。我性格当中有惧怕变化的倾向。"

"听话听音术"可以作为我们判断人格的另外一个维度。通过观察一个人的沟通风格和常用词汇,我们可以更准确地判断其人格类型。多重验证和判断可以提高我们识人、用人、管人的精准度。

学习感悟

1. 本节让你印象最深刻的内容是什么?

2. 对你的工作、生活、管理有什么启发?

第五节 九型简明识人术——问：侧面提问法

在前两节的基础上，我们已经可以初步判断一个人的人格类型。如果要进一步确认，可以通过侧面提问法进行更深入的判断。侧面提问法最常运用的场景是求职面试环节。面试官会问求职者很多问题，他们并不是想要一个标准答案，而是想通过求职者的回答来判断其背后的个性特征和价值取向。

本节介绍的侧面提问法并不是直接问对方是什么人格，也不是漫无目的地问一些没有方向的问题。这里的侧面提问法提供了三个方向。

一、问儿时经历

第一问是问儿时的经历。在提问前，我们需要再次详细回顾九型人格三大中心，这将帮助我们更好地锁定提问的方向，如表3.23所示。

表 3.23 九型人格三大中心

处理中心	本能中心（腹中心）			情感中心（心中心）			思想中心（脑中心）		
关注焦点	欲望			情感			对未知世界的恐惧		
第一反应	主动进取	融合妥协	超脱逃避	主动进取	融合妥协	超脱逃避	主动进取	融合妥协	超脱逃避
型号	8	9	1	2	3	4	5	6	7
情绪特点	容易愤怒，不喜欢控制，不喜欢被控制	保持平静，表面接受，内心抵触	把愤怒合理化变成自律及对他人的批评和指责	感受他人的感受，乐于助人	把焦点放在目标上	把感觉戏剧化，活在自己的感觉世界里	通过掌握知识来消除和对付恐惧	投身于环境，与他人结盟	把恐惧打散成开心的选择，不断转移注意力
可能的儿时典型经历	身处竞争激烈或被灌输竞争意识，常有打架的经历	被忽视，生活在兄弟姐妹的阴影下，表达自己时常常被忽略	听话，早熟，记得做错事被批评的痛苦，常有做班干部的经历	讨人喜欢，通过让大人高兴而获得爱和安全感	成绩好，奖状多，大人关注成绩而非感受	与同性别的家长不在一个频道，目标常常遥不可及	知识带来的安全感和成就感远远大于人际交往	大人过于强势，带来恐惧和不信任；或者大人过于谨慎，给人软弱以及不够安全感	总是记得玩具或玩伴带来的快乐，对大人是上有政策，下有对策

第三章
活用：九型简明识人术

通过对九型人格三大中心的回顾，特别是对儿时典型经历的回顾，我们就可以有针对性地通过侧面提问法来进一步确认和判断一个人的人格类型。表3.24为侧面提问法的举例。

表3.24　九型人格儿时经历的侧面提问法举例

型号	儿时经历提问举例
1号自律型	你小时候你的爸妈是不是对你要求比较严格？ 你小时候是不是经常当班干部？长时间当班干部？
2号助人型	你小时候是谁带大的？（2号一般有爷爷奶奶或亲戚带大的经历） 你小时候是不是特别乖？大人特别喜欢你？（2号先付出才能获得爱）
3号成就型	你的爸妈是不是比较看重荣誉？爱面子？ 你和你爸妈相处是不是习惯性报喜不报忧？
4号感觉型	你和你妈妈沟通是不是经常不在一个频道？（针对4号女性） 你和你爸爸沟通是不是经常不在一个频道？（针对4号男性） 你小时候是不是喜欢画画、唱歌、看童话书？（通过艺术寻找存在感） 你小时候爸妈是不是很忙，没时间照顾你？
5号思考型	你小时候是不是很喜欢阅读和研究？ 你小时候是不是经常被灌输知识改变命运？ 你家族是不是有因为有学问而获得成功或受人尊敬的人？
6号忠诚型	你小时候你爸爸是不是比较弱势一些？ 你小时候你爸妈是不是经常灌输忧患意识？
7号活跃型	你小时候是不是经常和爸妈斗法？ 你爸妈是不是怕你？ 你的童年是不是比绝大多数孩子更快乐？更无忧无虑？
8号开拓型	你小时候是不是经常和别人打架？ 在一群小孩当中大家是不是都爱听你的指挥？（孩子王的存在）
9号和平型	你小时候是不是放养状态？爸妈对你没有什么要求？ 你是不是有哥哥姐姐？（排行越小，想法越容易被忽视） 你小时候的想法是不是经常不被重视？

二、问三观

第二问可以从三观中寻找一些蛛丝马迹。我们同样可以先回顾九型人格的三观，看看不同型号的人最在意的是什么，如表3.25所示。

表 3.25 九型人格三观表

1 号自律型	2 号助人型	3 号成就型
世界观：对 vs 错 人生观：我很自律 价值观：公正／责任 真理：自律，对事不对人	世界观：爱 vs 不爱 人生观：我乐于助人 价值观：友好／关系 真理：爱就是真理	世界观：成功 vs 失败 人生观：我靠自己的努力成为社会精英 价值观：成就／认可 真理：只有为社会创造价值才能获得社会认可
4 号感觉型	5 号思考型	6 号忠诚型
世界观：想象 vs 世俗 人生观：我很特别，很有品位 价值观：个性／独特 真理：真理只存在于童话或艺术世界里	世界观：知道 vs 不知道 人生观：我有智慧，有知识 价值观：知识／独立 真理：知识就是力量	世界观：好人 vs 坏人（安全 vs 危险） 人生观：我很负责，忠诚守信 价值观：安全／信任 真理：可信赖的亲友和领导就是真理
7 号活跃型	8 号开拓型	9 号和平型
世界观：好玩 vs 无聊 人生观：从小人们就说我很聪明，学东西很快，是挺有趣的一个人 价值观：开心就好 真理：人生苦短，开心就好	世界观：强者 vs 弱者 人生观：我勇于接受挑战，不喜欢被他人掌控 价值观：尊重／正义 真理：有实力才有真理	世界观：随便 vs 都行 人生观：我很平和、友善 价值观：和谐／自在 真理：自然、和谐就是真理

从九型人格的价值观中，我们可以有针对性地展开侧面提问法，来了解他人内心当中最真实的渴望。表3.26为侧面提问法的举例。

表 3.26 九型人格三观的侧面提问法举例

型号	三观提问举例
1 号自律型	你是不是经常纠结是非对错？ 你是不是对自己和他人要求都很严格？要求他人前自己会先做好？ 你是不是希望凡事都应该公平公正，人人都应该承担相应的责任？
2 号助人型	你是不是经常纠结他人喜不喜欢你、爱不爱你？ 你是不是经常喜欢主动帮助他人？ 你是不是希望自己对他人好，他人也能对你报之以礼？
3 号成就型	你是不是非常渴望成为一个成功人士、社会精英？ 他人对你的认可和赞美是不是会让你很开心？这个对你很重要？ 你是不是觉得只有自己成功了，才能得到他人的爱与认可？

续表

型号	三观提问举例
4号感觉型	你是不是经常活在自己的世界里？特立独行？ 你是不是希望自己是独特的、有品位的？ 你是不是经常觉得他人不理解你？
5号思考型	你是不是习惯通过书本和知识了解自己，了解他人，了解这个世界？ 你是不是认为知识就是力量，知识可以改变命运？ 你家里有多少本书？平均每个月要读多少本书？最近在读什么书？
6号忠诚型	对你来说，同事和领导的信任最为重要？ 你是不是比较喜欢熟悉的环境和熟悉的人？喜欢做稳定的工作任务？ 你是不是习惯跟着同事和领导的想法走？自己的想法很少表达？
7号活跃型	你是不是希望自己所做的事情应该都是好玩有趣的？ 你学东西是不是都很快？什么都会一些？多才多艺？ 你是不是喜欢尝试很多事情，如旅游、爬山、喝酒、唱歌等？
8号开拓型	你是不是希望自己能掌控身边的事和人？ 你是不是经常因为说话太直接、想要占上风而得罪很多人？ 你是不是很喜欢有挑战性的事情，并且对自己的信念坚信不疑？
9号和平型	你是不是希望与他人相处和气最重要？不喜欢与人发生冲突？ 当他人问你选择性的问题时，你是不是觉得什么都可以？不想选择？ 你的状态经常是随遇而安的？没有太大野心？

三、问底层恐惧

第三问可以通过询问一个人的底层恐惧来判断其人格类型。我们同样是先来回顾九型人格中每种型号的底层恐惧，如表3.27所示。

表 3.27 九型人格的底层恐惧

型号	底层恐惧
1号自律型	怕自己做错、变坏、被腐败、被责备（希望自己是对的、好的、贞洁的、有诚信的）
2号助人型	害怕孤独、不被爱、不被朋友需要（感受爱的存在）
3号成就型	怕被人看不起、没有成就、一事无成（感觉有价值、被接受）
4号感觉型	没有独特的自我认同或存在意义，怕生命中有缺陷（寻找自我，在内在经验中找到自我认同）
5号思考型	无助、无能、无知，怕被人取缔和驾驭（能干、知识丰富）

续表

型号	底层恐惧
6号忠诚型	得不到支援引导,单凭一己的能力没法生存,怕被遗弃和孤立(得到支援及安全感)
7号活跃型	怕被限制、被约束、被困于痛苦中(追求快乐、满足、得偿所愿)
8号开拓型	怕被认为软弱,被人伤害、支配、控制、侵犯(决定自己在生命中的方向,捍卫本身利益,做强者)
9号和平型	怕冲突、矛盾、分离(维系内在的平静及安稳)

从九型人格的底层恐惧中,我们可以有针对性地展开侧面提问法,来了解他人内心当中最真实的恐惧。表3.28为侧面提问法的举例。

表3.28 九型人格底层恐惧的侧面提问法举例

型号	底层恐惧提问举例
1号自律型	你是不是经常害怕自己犯错或怕他人觉得自己不够完美?
2号助人型	你是不是经常害怕不能得到朋友的需要和爱?
3号成就型	你是不是经常害怕自己没有成就,被他人瞧不起?
4号感觉型	你是不是经常害怕自己不够独特和有个性?
5号思考型	你是不是经常害怕自己学得不够多,知道得不够多?
6号忠诚型	你是不是经常害怕得不到信任,自己被遗弃和孤立?
7号活跃型	你是不是经常害怕自己被限制、被约束、被困于痛苦之中?
8号开拓型	你是不是经常害怕自己被他人挑战和支配?失去掌控感?
9号和平型	你是不是经常担心与他人产生冲突和矛盾?

通过侧面提问法,有时候可以收到意想不到的回应。一个功力深厚的九型人格专家会让对方大吃一惊,通过精准的提问就能让对方觉得不可思议。

学习感悟

1. 本节让你印象最深刻的内容是什么?

   _____

   _____

   _____

2. 对你的工作、生活、管理有什么启发?

   _____

   _____

   _____

第六节 九型简明识人术——切：两难抉择测评法

我们借鉴中医的概念来学习九型人格的简明识人术，其中最复杂且难以掌握的识人术应该是两难抉择测评法。测评本身就是一个具有挑战性的过程。物理学中有一个量子纠缠的理论。在量子纠缠中，当两个或多个量子粒子以某种方式相互作用后，它们的状态将不再能够独立地描述。测评过程本身也存在类似的"纠缠"现象。因为对人格的测评中，被测评者往往会不自觉地回避某些问题或答案，从而导致测评结果不够准确。那么，如何才能避免这种情况呢？我们需要通过跳过被测评者的显意识，尽量深入到他的潜意识，捕捉他的第一反应，这样才能更准确地测评出他的人格。

人类在检索知识和记忆时需要借助大脑的存储能力。当人类学习新知识和技能时，会通过神经元的突触完成信息的传递。随着对某项知识和技能的不断练习，突触连接会越来越紧密，神经元之间的连接逐渐形成脑回路。通过反复的强化和脑回路中的信号传递，我们的记忆在大脑中得以持久储存。当我们回忆和检索信息时，这些脑回路的牢固程度起着至关重要的作用。

潜意识同样如此。潜意识是指我们意识之下的心理过程和信息储存。可以说，潜意识是在我们无意识之中形成的，它包含了我们不容易察觉或理解的想法、情感、欲望和记忆等。它也是通过长时间的经验学习、非意识学习、情感体验等慢慢形成的。当我们遇到类似的外部刺激时，潜意识会选择一种反应机制来应对外部刺激。

人格是指个体在行为、思维和情感方面相对稳定且独特的心理特征。它与潜意识有着密切的联系。如果我们能够找到一个人潜意识中最真实的想法、情感、欲望和记忆，那么我们也就能了解一个人最真实的人格特点。

一、九型人格面对三种敏感源的三种第一反应

九型人格与脑科学、心理学紧密相关。我们从表3.29中可以更清楚地看到它们之间的联系。在阅读以下内容时，可以结合第一章中的三大中心理论，它们之间有很强的关联性。

表3.29 九型人格的三大中心与三种第一反应

处理信息的三大中心	本能脑（腹中心）	欲望	8	9	1
	情感脑（心中心）	情感	2	3	4
	思想脑（脑中心）	恐惧	5	6	7
			主动进取	融合妥协	超脱逃避
			应对环境的三种第一反应		

我们试着从中找一找规律。脑科学将人的大脑分为三个部分：本能脑、情感脑和思想脑。

本能脑位于大脑较为原始的部分，主要负责基本的生理和存活需要的满足，如饥饿、性欲、自我保护等。

情感脑位于大脑中间层，负责处理情绪和情感体验。它与情感的产生、感受和调节密切相关。情感脑对于个体的情感识别、情感表达和情感记忆起着重要的作用。

思想脑主要负责高级认知和推理能力。它与思考、判断、决策等智力活动密切相关。思想脑对于推理、规划和目标设定等高级认知过程起着重要作用。

三脑理论对应了九型人格的三大中心：腹中心、心中心和脑中心，其功能与三脑理论基本吻合。它们代表了个体的直觉反应：通过身体（腹部）产生的直觉，通过情感产生的直觉，通过思想产生的直觉。个体获得直觉的方式与人格息息相关，可以说我们一出生就注定了我们会如何应对外界的刺激以及如何处理直觉。虽然我们也可以通过后天训练来提高不同的直觉感应能力，但我们通常更依赖于先天的直觉感应。8号、9号、1号最容易感觉到身体产生的直觉感应；2号、3号、4号大部分的直觉都来自情感反应；5号、6号、7号主要通过精神途径来获得直觉感应。

三大中心对不同的内外部刺激敏感程度不太一样。腹中心对"欲望"敏感，心中心对"情感"敏感，脑中心对"恐惧"敏感。面对这三种环境敏感源时，九种人格会做出主动进取、融合妥协、超脱逃避的本能第一反应。

腹中心对"欲望"的第一反应

8号、9号、1号都是对"欲望"敏感的型号。

8号开拓型：在面对外界的冲突或挑战时会直接回击，所以8号面对"欲望"的第一反应往往是主动进取的。

9号和平型：在面对外界的冲突或挑战时不会直接回击，会选择适应环境，麻醉自己，或者充当调停者，所以9号面对"欲望"的第一反应往往是融合妥协的。

1号自律型：在面对外界的冲突或挑战时会先用道德和规则约束自己，约束他人。他们不想受环境干扰，也有可能直接屏蔽，放弃纠缠。所以1号面对"欲望"的第一反应往往是超脱逃避的。

心中心对"情感"的第一反应

2号、3号、4号都是对"情感"比较敏感的型号。

2号助人型：通过主动爱他人的方式来获得爱，所以他们在面对情感的第一反应往往是主动进取的。

3号成就型：通过自己的成就、荣誉、地位等来获得爱，本质上是和环境很好交换的一种形式，所以3号面对情感的第一反应往往是融合妥协的。

4号感觉型：因为与身边的环境格格不入，不能与他人很好地相处沟通，所以他们会习惯从艺术世界和童话世界里面找到爱，他们面对情感的第一反应常常是超脱逃避的。

脑中心对"恐惧"的第一反应

5号、6号、7号都是对"恐惧"敏感的型号。

5号思考型：在面对恐惧时是通过知识来应对外界的不确定性的，所以5号面对恐惧的第一反应常常是主动进取的。

6号忠诚型：在面对恐惧时会依赖于好领导和好同事，会跟着团队踏

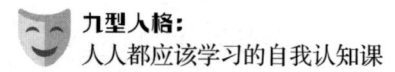

踏实实做事，所以6号面对恐惧的第一反应常常是融合妥协的。

7号活跃型：在面对恐惧时会转移注意力，转而寻找其他好玩的事物，开心最重要，所以7号面对恐惧的第一反应往往是超脱逃避的。

二、九型人格的两难抉择测评法

在了解了九型人格应对环境的三种第一反应之后，我们就可以将其应用于日常的简易识人。除此之外，我们最常用的是九型人格测评问卷中的两难抉择测评法，让被测评者选择自己的第一反应。我们通过表3.30来感受一下两难抉择测评法的测评形式。

表3.30 九型人格的两难抉择测评法

序号	题目	1	2	3	4	5	6	7	8	9
1	我喜欢与人对立。								√	
	我有避免与人对立的倾向。									√
2	我一向是友善热情且欢迎朋友加入我的生活的。		√							
	我一向是个注重隐私的人，不太和他人的生活重叠。				√					
3	他人一向很依赖我的洞察力及知识。					√				
	他人一向很依赖我的坚强及果断。								√	
4	我一向较重视人际关系，而非以目标为导向。		√							
	我一向较重视人际关系，而非以人际关系为目标。			√						
5	不左右评估各种选择性而立即采取明确的行动，对我而言是极困难的。					√				
	从容应对多项任务且能弹性处理，对我而言是困难的。	√								
6	大体而言，我是有条理且审慎的。						√			
	大体而言，我是好刺激且愿意冒险的。							√		

续表

序号	题目	1	2	3	4	5	6	7	8	9
7	我矜持与冷淡的习惯向来令人不悦。				√					
	我那指责他人的习惯向来令人不悦。	√								
8	面临麻烦时，我有办法将之解决。									√
	面临麻烦时，我会以自己喜欢的东西先慰劳一下自己。							√		
9	我向来依赖我的朋友，而朋友也知道他们可以依赖我。						√			
	我从不依赖朋友，我向来依靠自己完成任何事情。			√						

到此为止，本章内容就要告一段落了。九型识人只是第一步，更重要的是我们如何利用九型人格来识人、用人、管人或提升领导力，这才是更难的一门学问。我们将在下一章中和各位读者继续探讨。

学习感悟

1. 本节让你印象最深刻的内容是什么？

2. 对你的工作、生活、管理有什么启发？

— 第四章 —

修炼：提升九型影响力

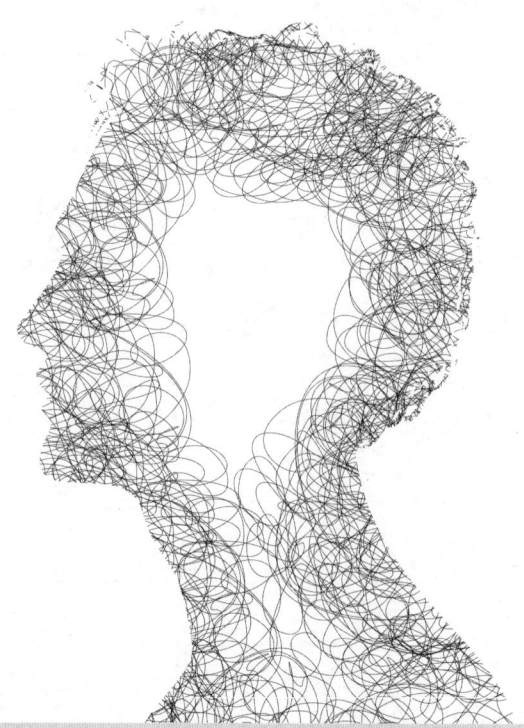

第四章
修炼：提升九型影响力

哈佛大学曾经做过一项历时75年的研究，得出一个重要的结论：良好的关系让我们更快乐、更健康。他们发现，幸福并不是由一个人的财富、社会地位、成就，甚至健康决定的，而是由良好的人际关系决定的。拥有和维持良好的人际关系可以让我们更幸福、更健康。学习九型人格的终极目标也在于此。我们每天面对不同的同事、上级、下属，下班后还要面对家人、朋友、亲人。如果我们不能很好地了解他们，处理好人际关系，这将给我们的工作和生活带来很多困扰，甚至成为职场和生活的失败者，每天都在痛苦中度过。我们很难改变他人，但我们可以从自我修炼开始，从影响他人开始。

九型人格虽然是一个很好的工具，但要想运用和修炼它，还是需要花费更多的时间和精力。正如前言所述，边学边用，反复对照，反复回顾，将帮助我们理解自己的行事风格和内在动力，实现人格完善，提升领导力，练就情绪稳定、内外通达、知行合一、拿得起放得下的人生智慧。本章将在九型人格的修炼方面提供一些参考建议，希望能帮助各位读者提升个人影响力，实现幸福人生。

第一节 三大应用场景：领导力、沟通力、团队组建与分工

在职场中，九型人格的应用主要集中在领导力、沟通力、团队组建与分工这三个方面。具体的运用场景需要各位读者在不同场景中分辨自己所扮演的角色，然后再稍加觉察和灵活应用。

一、领导力：自我修炼与教练他人

我们先来看领导力场景下的应用。这个场景下的应用主要是进行九型人格的自我修炼与教练他人。用古语"内圣外王"来比喻，意思是一方面具有圣人的才德，另一方面又能施行王道。领导力也是如此，只有自身具备了影响他人的特质，才能有效地对外领导他人。

自我修炼

每个人都有自己九型的主要型号，每种型号也都有自己最大的优势和局限。领导力的自我修炼就是要在发挥自身优势的同时，不断觉察自己的短板，并努力弥补这些短板，从而能够与不同的人和事和谐共处。在自我修炼方面也有相应的密码，只要找到自身局限对应的优势，我们

就可以找到自身型号的修炼方向，如表4.1所示。

表 4.1　九型人格的自我修炼方向

原型号	修炼型号	修炼方向
1号自律型	7号活跃型	放下拘谨，敢于创新，接受他人
2号助人型	4号感觉型	自我探索，坚持心愿，爱己爱人
3号成就型	6号忠诚型	忠诚踏实，尽责小心，关心他人
4号感觉型	1号自律型	冷静理性，控制情绪，脚踏实地
5号思考型	8号开拓型	勇往直前，果断行动，言出必行
6号忠诚型	9号和平型	随遇而安，放下焦虑，信任他人
7号活跃型	5号思考型	自我克制，搜集资料，深入思考
8号开拓型	2号助人型	爱心关怀，开放倾听，乐于助人
9号和平型	3号成就型	目标明确，态度积极，计划先行

领导力修炼最为关键的是需要有自我觉察的能力。在觉察到自身局限之后，再有意识地进行刻意练习，就可以在较短的时间内有效提升自己。我们还会在后面的小节中详细展开介绍九型人格的自我修炼方向。

教练他人

与其说是教练他人，不如说是识人用人。领导者最为常见的任务便是管理一个团队。管理者常被问及的一个问题是：团队中是有差异好，还是没有差异好？假设这样一个场景：地球生态遭到严重破坏，已无法复原，人类必须移民火星。假设你是整个项目的负责人，需要派遣一支先行部队去开疆拓土，那么这支先行部队需要哪些人呢？此时，九型人格理论便可为你提供帮助。

首先，你想到的应该是8号开拓型人格，他们可以帮助我们快速开疆拓土。但一个人的力量是有限的，还需要2号助人型人格来协助他们。6号忠诚型人格可以踏实地完成任务。当团队逐渐扩大时，需要3号成就型人格担任小领导，推动项目进展。随着事情变得越来越复杂，5号思考型人格可以进行筹划和规划。周密的计划需要1号自律型人格来监督执行。当团队成员感到疲惫时，7号活跃型人格可以活跃团队气氛。此外，4号感觉型人格的创造力和洞察力也是必不可少的。当团队产生矛盾时，9号和平型人格可以充当调停者。

通过以上的举例，我们可以感受到九型人格没有所谓的好坏。在完成一项任务，特别是大型任务时，由不同差异的人组成的团队可以发挥出更大的价值，更顺利地完成任务。识人所长，用人所长，这是领导者必备的领导能力之一。正如华为的人才观所说："世界上没有垃圾，只有放错地方的宝藏。"

然而，领导者仅仅具备尊重差异的思想是不够的。当领导者真正面对团队中不同的声音时，又该如何妥善处理呢？史蒂芬·柯维博士在其畅销书《高效能人士的七个习惯》中也提供了相关指导。面对差异，领导者可表现出五种不同的境界，从低到高依次为：偏见、容忍、接受、重视以及欢欣鼓舞。倘若领导者在面对团队中不同的声音和差异时，能够展现出"欢欣鼓舞"的态度，这便意味着其领导力水平已达到较高境界，能够有效地统筹团队。

二、沟通力：从汽车销售看沟通力

沟通的场景多种多样。以汽车销售为例，我们可以分析如何针对不同型号的客户，采取相应的沟通策略。

1号自律型的客户

1号自律型的客户关注细节和数据。因此，在介绍汽车时，要逻辑清晰、有理有据，用数据说话。例如，可以详细说明汽车的性能参数、安全标准、油耗数据等，让客户感受到严谨和专业。

2号助人型的客户

2号助人型的客户关注他人的感受。因此，在介绍汽车时，可以从客户最在意的乘客入手，介绍汽车的舒适程度、空间大小，以及不同乘客（如老人、小孩、朋友、客户）的体验。例如，可以强调座椅的舒适性、车内空间的宽敞，以及适合家庭出行的便利性。

3号成就型的客户

3号成就型的客户关注社会地位和他人评价。因此，在介绍汽车时，可以从汽车的高端定位、身份象征入手。例如，可以强调汽车的品牌历史、高端配置、豪华内饰，以及它在社会中的地位象征。

4号感觉型的客户

4号感觉型的客户关注独特性，低调的奢华。因此，在介绍汽车时，可以从汽车的独特性能、外观、设计理念着手。例如，可以强调汽车的个性化定制、独特的设计元素、艺术感的内饰，以及它所传达的情感和故事。

5号思考型的客户

5号思考型的客户关注科技感，善于思考。因此，在介绍汽车时，可以从汽车的性能、原理、科技元素、设计思路着手。例如，可以详细讲解汽车的智能驾驶系统、先进的动力技术、创新的科技配置，以及它的设计理念。

6号忠诚型的客户

6号忠诚型的客户关注安全感。因此，在介绍汽车时，多介绍汽车的

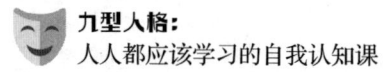

安全性能。例如,可以强调汽车的安全气囊、主动安全系统、被动安全系统,以及在各种路况下的安全表现。

7号活跃型的客户

7号活跃型的客户关注快乐和愉悦。因此,在介绍汽车时,可以多介绍汽车最酷、最帅的一面,以及在旅游过程中汽车能带来的愉悦体验和性能上的优势。例如,可以强调汽车的影音功能、驾驶乐趣、外观设计,以及适合户外活动的配置。

8号开拓型的客户

8号开拓型的客户比较关注气场。因此,在介绍汽车时,可以从汽车的霸气、动力等方面重点介绍。例如,可以强调汽车的强劲动力、霸气外观、驾驶操控性,以及它在道路上的威慑力。

9号和平型的客户

9号和平型的客户可能没有太多的想法。如果他带了朋友或家人过来,可以从他的朋友或家人这边了解情况。例如,可以多与他的朋友或家人交流,了解他们的需求和偏好,从而更好地满足客户的整体需求。

当然,沟通的场景还有很多。我们还会在后面的小节中详细介绍面对上下级时我们该注意什么,从而提升自己的沟通能力。

三、团队组建与分工:行动派、社交派、思考派

剑桥产业培训研究部前主任贝尔宾博士及其同事,经过多年在澳大利亚和英国的研究与实践,提出了著名的贝尔宾团队角色理论。该理论

认为，一支结构合理的团队应由九种角色组成，这九种团队角色分别为创意者、外交家、督导者、协调者、开拓者、凝聚者、执行者、完成者和思考者。贝尔宾团队角色理论能够有效增进团队成员之间的了解，从而最大化员工的个人效能。

我们将贝尔宾团队角色理论与九型人格理论相结合，可以构建一张团队组建与分工表，如表4.2所示。

表4.2 团队组建与分工表

行动派	社交派	思考派
开拓者——8号	协调者——9号	督导者——1号
特点：思维敏捷，性格开朗，主动探索。 优点：充满干劲，敢于向传统、低效率以及自满状态发起挑战。 缺点：容易引发争端，行事冲动，情绪急躁。 在团队中的作用： 1. 寻找并发现团队讨论中可能的解决方案。 2. 使团队的任务和目标具体化。 3. 推动团队达成一致意见，并促使其付诸行动	特点：沉着冷静，自信，具备掌控局面的能力。 优点：能够不带偏见地兼容并蓄各种有价值的意见，看待问题较为客观。 缺点：在智力和创造力方面并无超常表现。 在团队中的作用： 1. 明确团队的目标和方向。 2. 选择需要决策的问题，并确定其优先顺序。 3. 帮助确定团队中的角色分工、责任和工作界限。 4. 总结团队的感受和成就，综合团队的建议	特点：自律，谨慎，认真细致。 优点：分辨力强，务实，追求完美。 缺点：缺乏灵活性，过于纠结细节，对自己和他人要求苛刻，对他人不放心、不放手。 在团队中的作用： 1. 将谈话与建议转化为活动日程表。 2. 评估哪些方案是可行的，哪些是不可行的。 3. 整理建议，使其与已达成一致意见的计划和现有系统相配合，并监督执行
执行者——3号	凝聚者——2号	思考者——5号
特点：主动进取，目标感强。 优点：工作勤奋，效率高，做事有策略。	特点：擅长人际交往，性格温和，对人际关系敏感。 优点：环境适应能力强，与人交往能力强，能够促进团队合作。	特点：冷静，专注。 优点：热爱学习，知识面广，专业水平高。

续表

行动派	社交派	思考派
执行者——3号	凝聚者——2号	思考者——5号
缺点：有表现欲，对缺乏成就感的事情不愿投入，有时会采取捷径。 在团队中的作用： 1. 高效工作，树立标杆。 2. 带领团队高效完成组织任务。 3. 在业务和管理等方面发挥积极作用	缺点：工作中可能因人而异，不够绝对客观，在危急时刻可能会优柔寡断。 在团队中的作用： 1. 给予他人支持，并帮助他人。 2. 打破讨论中的沉默。 3. 采取行动扭转或克服团队中的分歧	缺点：需要彻底想清楚才采取行动，喜欢探究过程中的道理，对目标和效果不够执着，缺乏感染力。 在团队中的作用： 1. 分析问题和情况。 2. 提出各种可能的方案及专业意见。 3. 在自己的专业领域做出专业贡献
完成者——6号	外交家——7号	创意者——4号
特点：勤奋，焦虑，有紧迫感。 优点：认真细致，持之以恒。 缺点：容易焦虑，对新工作和新环境存在排斥心理，对他人不放心、不放手，容易陷入小圈子，缺乏创意。 在团队中的作用： 1. 按照任务的目标要求和活动日程表推进工作。 2. 发现并指出潜在的风险。 3. 默默补位，支持同伴	特点：性格外向，热情，好奇，联系广泛，消息灵通。 优点：具备广泛联系人的能力，不断探索新事物，勇于迎接新挑战。 缺点：兴趣容易转移，事过境迁后可能迅速失去兴趣。 在团队中的作用： 1. 提出建议，并引入外部信息。 2. 接触持有不同观点的个体或群体。 3. 参加磋商性质的活动	特点：有个性，思路独特，不拘一格。 优点：富有想象力，具有独特视角和智慧。 缺点：过于感性，想法有时不切实际，行动较为缓慢。 在团队中的作用： 1. 提供创意并创造性地执行。 2. 提出不同视角的看法，引发新思维。 3. 引导团队关注产品的美学和艺术价值

在团队组建与分工中，我们需要行动派、社交派和思考派的成员。团队可以根据任务的不同，在团队中增加或减少不同的角色类型，同时将不同的任务分派给适合的对象，这样既能发挥成员的最大优势，又能实现团队效能的最大化。

以东方甄选直播间的主播团队为例，他们也是不同型号的个体，不同的人在团队中发挥了不同的价值。例如，9号和平型的俞敏洪在团队中起到协调者的作用，当团队出现矛盾时，最终还是由俞敏洪出面协调。

东方小孙是1号自律型，对自己和他人都要求很高，可以帮助俞敏洪进行管理和业务拓展。董宇辉是6号忠诚型，勤勤恳恳，像老黄牛一样，在出名和受委屈之后依然没有离开东方甄选团队。当然，东方甄选直播间还有其他型号的主播，他们都在发挥着各自的优势，为团队带来不同的价值。

再看看乔布斯的团队。4号感觉型的乔布斯用梦想吸引了百事可乐副总裁约翰·斯卡利，约翰·斯卡利是3号成就型人格，是天生的领导者，帮助乔布斯管理团队。然而，过于自我的4号乔布斯后来被约翰·斯卡利赶出了董事会。乔布斯经过修炼回归后，又与蒂姆·库克搭档。蒂姆·库克是一位1号自律型管理者，这种人格与乔布斯形成了很好的互补。

其实，每个人的成长就是一个自我突破、自我修炼的过程。史蒂芬·柯维博士有一句经典的名言："当你觉得有些不舒服的时候，你可能是在进步。"学习九型人格可能会让你有点不舒服，但你在进步。包括我们在探讨不同的人格学说时，一开始可能也有点不舒服，但只要你出发点是好的，走出这个不舒服状态之后，你才会更舒服，才会有发展。

学习感悟

1. 本节让你印象最深刻的内容是什么？

___

___

___

2. 对你的工作、生活、管理有什么启发？

___

___

___

第二节

如何突破人格局限，成就更好的自己

《职场和恋爱中的九型人格》可以说是《九型人格》的进阶版，它不仅教你如何将九型人格这一工具应用到生活和工作中，还能帮助你修炼成更好的自己。通过深入了解自己和身边的家人、伴侣、上司、同事之间的不同，你可以成为受老板重用、受同事欢迎的员工，打造与伴侣和谐亲密的关系。

简单来说，想要获得美好人生，我们需要处理好两个关系：一个是和自己的关系，另一个是和他人的关系。本节我们先从和自己的关系讲起，学会接纳自己，掌握自我修炼的方法，从而成为更好的自己。

首先，我们要端正一个心态：人格是没有好坏之分的，更不存在所谓完美的人格。但我们可以通过了解自己人格的特点，扬长补短，独善其身。其次，我们来看看九种型号各自的人格特征。我们在前面已经反复介绍了九型人格的特征和优劣势，本节我们还会再次巩固这些知识，加强大家的记忆，以便更好地理解九型人格的修炼方向。

一、回顾：九型人格的特征和优劣势

1号自律型

自律型人格重视原则，不易妥协，立场分明，对自己和他人都有较高要求，凡事追求完美，富有责任感。他们行事谨慎，常被内心诸多"应该"和"不应该"的观念所束缚，倾向于做正确的事情，力求避免失控或犯错。因此，他们可能会表现出拖延倾向，因为他们希望确保一切"万无一失"才开始行动。

2号助人型

助人型人格渴望与他人建立良好关系，获得认可与喜爱，甚至愿意为迎合他人而改变自己。他们乐于助人，对他人需求极为敏感。然而，他们往往会因他人的需求而妥协自己的原则，容易感情用事。

3号成就型

成就型人格具有强烈的好胜心，以成就来衡量自身价值，是典型的工作狂。他们注重形象，喜欢成为众人关注的焦点，会努力塑造符合他人期望的形象。他们目标明确，积极进取，会不择手段地达成目标。但在此过程中，他们往往会忽略自己真实的情感需求，以及身边人的感受。

4号感觉型

感觉型人格较为情绪化，害怕被拒绝，常觉得他人无法理解自己，喜欢特立独行，追求独特的个性。他们不甘平庸，热衷于追求遥不可及的目标。因此，他们很难专注于当下，常常沉溺于过去的美好回忆或对未来的幻想之中，对眼前的事物缺乏兴趣，执着于追求那些遥不可及的东西。

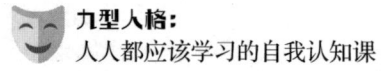

5号思考型

思考型人格喜欢思考和分析,求知欲旺盛,热衷于深入研究知识,逻辑分析能力很强。他们生活方式简单,对物质生活要求不高,更愿意沉浸在自己的思想世界里。然而,他们通常缺乏行动力,也不喜欢社交,更倾向于独处。

6号忠诚型

忠诚型人格勤奋踏实,行事小心谨慎,尽忠职守。他们喜欢稳定安全的环境,警惕性高,不太容易信任他人,多疑。一旦信任他人,便会表现出极高的忠诚度。但大多数情况下,他们不敢轻易信任他人或做出决策,容易产生负面情绪,缺乏自信。

7号活跃型

活跃型人格乐观开朗,热爱新鲜感,追求潮流,不喜欢承受压力。他们喜欢不断探索新奇有趣的事物,富有冒险精神,行动力强,想到就会马上去做。同时,他们也是社交高手,能够给他人带来快乐。但有时,他们会用快乐来掩饰内心的不安和空虚,刻意逃避痛苦。他们往往难以聚焦眼前,脚踏实地地专注于当下。

8号开拓型

开拓型人格具有开拓精神和强烈的攻击性,喜欢掌控全局,不怕冲突,凡事讲求实力,富有正义感。他们总是以领导者的姿态出现,喜欢保护和带领他人,认为他人需要自己。然而,很多时候这只是他们的一厢情愿。他们性格直爽,但情绪暴躁,易怒,很少考虑他人感受。

9号和平型

和平型人格平和豁达，待人处事随遇而安，不喜欢压力，害怕纷争，很难拒绝他人的要求，祈求和谐相处。他们善于理解每个人的观点，却往往不清楚自己真正的需求和想法。他们难以主动做出选择，喜欢拖延，不喜欢性急，目标感不强。

以上所述为各型号人格的特征。每种人格均具有独特的优势与局限，而这些局限往往是阻碍个人成长与发展的关键因素。那么，我们应如何突破这些局限，成就更好的自己呢？以下将探讨各型号的修炼方向。

二、修炼：九型人格的修炼方向

1号自律型

修炼方向：可借鉴7号活跃型的特质，放下拘谨，敢于跳出所谓"正确"的规则，勇于接受新鲜事物。给自己多一些弹性，开阔视野，接触大自然，尝试旅游等方式放松身心。同时，要意识到他人与自己的不同，学会接受、欣赏和赞美他人，看到他人更多的优点和闪光点。此外，要认识到我们评判他人的标准只是内心深处的主观标准，并非放之四海而皆准的准则，要学会放下这种主观偏见。

案例：以第二章中解析过的1号代表人物宗老为例。他的权威不仅源于严肃认真的态度，更体现在他独特的幽默感上。宗老善于运用幽默的语言和方式缓解紧张气氛，营造轻松的工作环境。这种幽默不仅提升了他个人的亲切感，也在员工心中留下了深刻的印象。在一次市场考察中，宗老发现某区域销售业绩不佳。他没有直接指责相关负责人，而是幽默地提出："看来这个地方的消费者对我们的产品还不够了解，是不是需要派个宣传队来给他们普及一下知识呢？"这番话引得大家发笑，同时也让负责人意识到问题所在，迅速采取了行动。他的这种幽默批评方式，既指出了问题，又避免了尴尬，实现了双赢的效果。

2号助人型

修炼方向：可借鉴4号感觉型的特质，多进行自我探索，关注自身需求，坚持自己的原则，先爱自己再去爱他人。

案例：某著名中央电视台女主持人是典型的2号助人型的代表。她以极具亲和力的主持风格给观众留下了深刻的印象。然而，在荧幕背后，她是一个为了爱而奉献一切的人。当年与某知名导演交往时，她甘愿当了5年地下情人，并竭尽全力照顾该导演生病的父亲，持续了很长一段时间。可惜这段感情最终还是无疾而终。女主持人回忆起这段恋情时说："这是一段没有自尊、失去自我的日子。"后来，她结婚生子，儿子被诊断为先天性白内障。她毅然决然地放弃了央视一姐的地位，带着儿子四处寻医治病。在这期间，她不再顾及自己的形象，不拘小节，日渐憔悴发胖。10年后，儿子病情稳定，她才重返舞台，一改过往邋遢的形象，重新回到曾经女神的模样。她感慨道："到了我这个年龄，所有的作为都是由衷的。年轻时会为了不可能的事情去奋斗，到了我这个年龄，就是你愿意干吗就干吗。"此后，她开始学习画画，重新塑造自己的形象，开始关注自己内心的需求，真正地为自己而活。

3号成就型

修炼方向：可借鉴6号忠诚型的特质，学习其小心谨慎、忠诚踏实，多关注他人，同时也要注重自身感受，加强与内在真实感受的连接。在工作中适当放慢节奏，全面审视事物，拓宽视野。面对他人提出的建议或意见时，应多倾听并虚心接纳。

案例：以3号成就型的代表人物为例，他是香港"四大天王"之一。他在演艺事业和商业经营方面均取得了巨大成就，展现出成功人士的独特魅力。然而，在辉煌背后，他也有过一段曲折的经历。年轻时，他野心勃勃，在演艺事业蒸蒸日上的阶段，他并未满足于已有的成就。1991年，他凭借初生牛犊不怕虎的勇气，决定创办一家属于自己的公司。但因缺乏商业经验，他投资的每部电影均以亏损告终，最终背负了近四千万元的债务。经历挫折后，他沉下心来，踏实拍戏，积累经验。此后，他东山再起，创立了另一家公司。在投资策略上，他比以往更加谨慎，成功投资了多部卖座电影，如《疯狂的石头》《桃姐》《我的少女时代》等。

4号感觉型

修炼方向：可借鉴1号自律型的特质，学习其冷静理性的思维方式，学会控制情绪，脚踏实地，将注意力集中在眼前的实际事务上，而非遥不可及、虚无缥缈的远方。同时，4号感觉型人格应学会系统思考，增强理性分析能力，避免感情蒙蔽双眼。此外，还需要克服随意任性的性格特点，为自己制定更具体、清晰的目标。

案例：某著名国家一级演员，除了其优秀的作品被大众熟知，他几乎处于一种隐世状态。除了拍戏，他很少出现在公众视野中。在选择剧本时，他极为谨慎，若剧本质量不佳或不符合其审美，他便不会接受，完全依据内心的选择而非利益驱动。当年拍摄完电视剧《围城》后，他更是离开了娱乐圈七年才回归。"孤僻"和"清高"已成为他身上的标签。然而，在工作中，他并非难以捉摸，而是一位具备专业素养和批判精神的演员。在拍戏过程中,他会认真研究、揣摩每一个角色的特征,对细节表现出高度执着,而非仅凭感觉表演。在片场,他的参与度极高,即便自己没有戏份,也会在旁观摩学习。对于其他演员不专业的行为,他也会毫不留情地斥责批评,哪怕对方只是跑龙套的。因此,当他当选为中国电影协会主席时,大家一致认为这是实至名归。

5号思考型

修炼方向:可借鉴8号开拓型的特质,学习其勇往直前、果断行动的品质,想到还要做到。同时,5号思考型人格应多与他人接触,走出自己的小世界,积极融入社会。

案例:查理·芒格是5号思考型人格的典型代表,他是巴菲特的黄金搭档,也是伯克希尔·哈撒韦公司的副主席。他一生淡泊名利,将大部分时间投入阅读和学习中,但他从未选择离群索居。他有一条重要的人生法则:"我一生所追求的就是融入生活,而不是让自己被孤立。"因此,除非是与妻子和孩子一同出行,他从不乘坐私人飞机,甚至在乘坐飞机时也只选择经济舱。查理·芒格表示,他不想与这个世界隔绝,他希望通过接触普通人,了解真实的世界,从而保持与时代的接轨,避免固步自封。

6号忠诚型

修炼方向:可借鉴9号和平型的特质,学习其随遇而安的心态,放下焦虑和过度质疑,增强对他人的信任。

案例:以第二章中解析过的6号代表人物雷总和任总为例,我们可以清晰地看到两位企业家在不同阶段的心理与行为变化。年轻时的雷总是出了名的"拼命三郎",被业内称为"劳模CEO"。那时的他,脸上总挂着一种"不安全感"，仿佛慢一步就会被淘汰。然而，随着事业的发展，雷总逐渐变得更加松弛。他在发布会上自黑自己的英语口音，让"Are You OK"成为全网流行的梗；他拍摄短视频、玩直播，甚至与网友一起吐槽自家手机。这种转变不仅拉近了他与公众的距离，也展现了他心态上的成熟与自信。早期的任总同样是典型的6号忠诚型，浑身写满"危机感"。他会在公司高歌猛进时突然召开全员大会，冷着脸警告"冬天要来了"；会因为一篇文章要求全公司背诵，仿佛下一秒就要破产；甚至要求高管"每天思考失败"，将焦虑刻进了企业文化里。那时的他，像一只时刻竖起耳朵的狼，警惕着每一丝风吹草动。然而，这些年任总也发生了显著的变化。他开始在公司园区慢悠悠地散步，被员工拍到背着手、笑眯眯的样子，网友调侃"任总终于不骂人了"。他还开玩笑说"美国制裁帮我们省了广告费"。这种松弛感，并非"躺平"，而是6号整合9号后的智慧——他依然能够看见风险，但不再被恐惧所绑架；他依然保持备胎意识，但不再焦虑；他依然充满警惕，但不再紧绷。通过对比雷总和任总的转变，我们可以看到，真正的成长并非摆脱危机意识，而是在保持清醒的同时学会与内心的不安共处。

7号活跃型

修炼方向：可借鉴5号思考型的特质，增强自我克制能力，深入思考问题，避免沉溺于表面的快乐，注重深层次的体验。同时，应适当放慢生活节奏，沉淀自我，聚焦目标，并学会倾听他人意见。

案例：以某健康集团总裁梁总为例。梁总兴趣广泛，曾担任凤凰卫视娱乐节目主持人、百度创意品牌副总裁、经济类脱口秀广播节目主持人、创业者以及纪录片出品人等职。他在凤凰卫视和百度取得显著成绩后，选择激流勇退。他曾提到，表面的成功反而给他带来了焦虑。后来，他投身于中医研究与传播领域，因为中医能带给他更多关于人生的思考，这也成为他余生坚守的事业。这一转变体现了他从表面的活跃向深入思考的过渡。

8号开拓型

修炼方向：可借鉴2号助人型的特质，多关爱他人，放下控制欲，开放心态，倾听他人意见，避免被易怒情绪控制。

案例：以某家电品牌董总为例。早年的董总，是商界闻名的"霸道总裁"。她敢在董事会上拍桌怒斥股东"不懂战略"，能因为一个数据误差当场开除高管，甚至放话"手机做不好，我就把他们全开了"。那时的她，像一台精密而冷酷的机器，容不得半点杂音。员工私下叫她"董阎王"，同行说她"走过的路寸草不生"。她的世界里只有两个词：掌控，或者毁灭。然而，随着岁月的沉淀和视野的拓展，董总身上发生了微妙的变化。如今的她，开始频繁出现在员工食堂，端着餐盘和年轻人闲聊，甚至记住了一些基层工人的名字。她不再一味依赖"罚款"来解决问题，而是亲自给技术团队打气："这次失败了，公司担着，你们只管放手干。"她还主动为员工集体加薪、分房，在采访中坦言"企业家不能只想着自己赚钱"。这种转变，并非简单的"柔软化"，而是8号整合2号后的升华——她依然强势，但多了温度；依然说一不二，但学会了"共情"。正如她在自传中所写："过去我以为力量来自对抗，现在明白，真正的力量是让人心甘情愿跟你走。"

9号和平型

修炼方向：可借鉴3号成就型的特质，树立明确目标，积极向上，做事有规划，同时学会有自己的观点和立场，学会拒绝他人。

案例：以国内知名互联网公司CEO为例。他曾在硅谷过着舒适惬意的生活，但在太太的鼓励下选择回国创业。太太曾拔掉他的菜园子，迫使他走出"舒适区"。回国后，他创立了这家互联网公司，这体现了他从安逸到积极进取的转变。

以上是各种型号的人格特征及自我修炼的建议。正如我们所说，没有人格是完美的，但通过认识自身局限，找到适合的修炼方向，我们可以成就更好的自己。

> **学习感悟**
>
> 1. 本节让你印象最深刻的内容是什么？
>
>   _____
>   _____
>   _____
>
> 2. 对你的工作、生活、管理有什么启发？
>
>   _____
>   _____
>   _____

第三节

如何掌握沟通密码，影响你的上司和下属

这一节，我们将探讨如何将九型人格理论应用于职场实践。在职场中，人们通常需要与两类关键角色互动：上级和下属。面对不同人格类型的上级，如何通过有效的沟通实现向上管理，从而获得上级对你工作能力的认可？若身为团队管理者，又该如何依据下属的人格类型做到知人善用，进而有效激励下属？接下来，我们将从九型人格的角度，为你详细拆解这些问题。

一、不同型号在工作中的行事风格

1号自律型做事坚持原则、讲究标准、认真踏实。他们善于发现问题、统筹安排，具有责任感和使命感。

2号助人型富有同理心，能够敏锐地感受到他人的需求，乐于助人，常为他人着想。他们善于协调关系，是团队中受大家喜爱的人。

3号成就型积极进取，好胜心强，喜欢成为团队中的焦点。他们目标感很强，注重结果，执行能力出色。

4号感觉型比较自我，常常觉得自己与他人不一样，也总觉得他人不了解他们，容易对他人的评价反应过敏。他们想象力丰富，创意十足。

5号思考型注重个人空间，喜欢旁观多于参与。他们逻辑思维和分析能力很强，是团队中的专家和信息分析者。

6号忠诚型勤劳能吃苦，相信权威，是尽忠职守的服从者。同时，他们危机感很强，不喜欢环境多变，常常会因不稳定而感到压力。

7号活跃型是团队中最活跃的人，喜欢新奇有趣的事物，勇于尝试，精力充沛，善于调动团队气氛。但他们兴趣转换较快，不善于坚持，想得多做得少，不喜欢烦琐的事务。

8号开拓型雷厉风行，态度直接，喜欢接受挑战，识英雄重英雄，遇强越强。他们任何时候都以领导者的姿态出现，喜欢支配他人。

9号和平型适应能力很强，是团队中的和平使者，做事慢条斯理。他们待人处事圆滑，不喜欢发生冲突，是最佳的聆听者和协调者。

说到团队，不得不提一个非常经典的组合——《西游记》中的师徒四人：唐僧、孙悟空、猪八戒和沙僧。我们以他们为例，剖析一下不同型号在团队中所担任的角色。你可以先暂停下来，按照我们刚才提到的人格特征进行分析，看看你能否分辨出他们的型号。

唐僧属于1号自律型。他正直，不杀生，追求自我完善，意志坚定。只要他认为是正确的事情，便不怕艰难险阻，义无反顾，意志力十分坚定。哪怕西天取经的道路上有众多妖魔鬼怪，也阻挡不了他前进的步伐。在团队中，他担任领导者的角色，在实现目标的过程中，给自己和团队成员都制定了高标准和高要求，监督大家达成目标。他不仅关注工作目标，也关注细节，一路上慈悲为怀，不杀生，用善念来感化妖魔。他不畏九九八十一难，最终带领团队完成取经重任。然而，1号领导者也会以高标准和"我是正确的"观念来约束团队成员，这容易与有主见的下属产生矛盾，像孙悟空就经常和他闹翻。

那么，孙悟空属于几号呢？他是3号成就型。孙悟空在去西天取经的途中，斩妖除魔，懂得七十二变，是团队的中坚力量。成就型人格的人讲究效率，为达成目的会走捷径。孙悟空曾经多次想说服唐僧用筋斗云瞬间到达目的地。他们很看重外界对他的认可。孙悟空自封齐天大圣，当年大闹天宫，是因为觉得自己那么有本事却得不到认可，只被赐予弼马温这种小官。成就型人格的人不喜欢被揭短，因此孙悟空最怕的不是如来佛祖，也不是唐僧的紧箍咒，而是有人拿"弼马温"的往事嘲笑他。所以每当孙悟空和猪八戒吵架，猪八戒打不过他，讲理也讲不过，就用"大招"——"弼马温"三个字还以颜色。

说到猪八戒，他就是典型的7号活跃型人格。在团队中，他充当开心果和团队润滑剂的角色，对师傅唐僧和大师兄孙悟空之间的矛盾起到调和作用。如果《西游记》中没有猪八戒，也能行，但必定是枯燥无味的。猪八戒乐观、幽默、善于交际、不争权、不结仇，一切只要开心就好。当唐僧有难时，猪八戒运用自己的聪明和口才，劝说孙悟空去搭救，充分体现了7号活跃型人格的灵活和智慧。然而，活跃型人格的人意志力不够坚定，凡事浅尝辄止，当团队遇到困难时，往往容易泄气甚至逃避。所以你会看到猪八戒一遇到困难就想分道扬镳，企图临阵脱逃。

最后一位成员沙僧，他是九型人格中的6号忠诚型。沙僧最大的特点就是工作踏实、任劳任怨，所有的行李一直都是他一个人扛。在孙悟空被师傅赶走、猪八戒要解散的时候，沙僧劝住了猪八戒，避免了团队分裂的危机。因为6号忠诚型的人本质上是希望有一个团队的,团队会带给他安全感,当然前提是这个团队的领导要让他信服。唐僧的信念和大师兄的能力都让沙僧服气和安心,所以沙僧可以心无旁骛、一心一意地为团队服务,维持团队,这些都是6号忠诚型的典型特征。

二、不同型号的上级和下属的应对策略

通过以上对《西游记》中各个角色的人格分析,相信你会更立体地理解不同型号的人在团队中的表现。回到现实中,我们来看看不同型号的"上级"和"下属"在工作中的行为表现,而你又该如何灵活地应对他们。

1号自律型上级和下属的应对策略

1号自律型上级

1号自律型上级注重细节,希望了解全面的信息。在向他们汇报工作时,最好准备书面材料,并尽可能做到详细。他们倾向于制定周全的计划,因此,面对计划的变动,调整决策对他们来说可能会比较困难。作为下属,你可以提出合理的建议,帮助他们更快地做出决策。

1号自律型下属

只要给予明确的指导和安排,1号自律型下属会成为出色的执行者。他们关注细节,害怕犯错,一旦犯错,会主动反思并不断自责。因此,尽量避免对他们进行严厉批评,稍加指正即可,他们会努力改正。可以多给予一些积极的反馈。他们通常不喜欢主动提出问题,习惯独自解决问题,需要引导他们学会求助,把问题说出来。

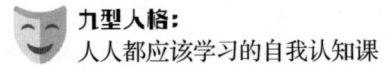

1号自律型管理者如何提升个人领导力

1号自律型管理者往往要求严格，喜欢指正和挑剔下属。长此以往，可能会导致下属的积极性下降，团队效率也会受到影响。因为下属可能会觉得："无论我做得多好，都得不到领导的赞扬和认同。"

因此，作为1号自律型管理者，最重要的是学会欣赏和信任他人，培养这种能力。学会放手和授权，也是1号自律型管理者必修的一门课。在工作沟通中适当增加一些寒暄和弹性的部分，关注下属的感受，可以有效减少因直接沟通方式所带来的管理问题。

2号助人型上级和下属的应对策略

2号助人型上级

2号助人型上级注重权威和成功，渴望得到认可和关注。他们对员工的成长和进步表现出浓厚的兴趣，尤其是对那些优秀且聪明的员工，乐于给予指导和帮助。面对这样的上级，员工应积极展现自己的价值，遇到问题时及时寻求帮助，并在得到支持后表达感谢和赞美，这将有助于赢得上级的信任和支持。

2号助人型下属

2号助人型下属通常愿意为掌握权力的人效力，是老板和领导者的忠诚执行者。他们在幕后默默付出，是团队中最具团队精神的成员。如果你有2号助人型的下属，应善于发现他们的付出，并给予及时的肯定和赞赏，这将激励他们更加尽职尽责。同时，避免对他们进行无端指责或批评，因为他们比任何人都渴望满足同事和领导的需求，并且工作极为尽心尽力。

2号助人型管理者如何提升个人领导力

2号助人型管理者因注重情感关系,往往在原则和情感之间更倾向于情感。他们容易溺爱下属,这可能剥夺下属承担责任和自我成长的机会。因此,他们最需要提升的是原则性和立场坚定性,学会将注意力聚焦在自己身上,找到自己的重心,明确自己的目标和需求。

此外,2号助人型管理者容易陷入平均主义,过度关注团队中的弱势群体,这可能导致优秀下属产生"无论我如何优秀,也成不了领导最看重的那个人"的想法。管理者需要规避这种负面影响,确保激励机制的公平性和有效性。

同时,2号助人型管理者应适当表达自己的需求,避免长期压抑需求导致情绪不稳定。情绪的波动可能会让下属感到关系忽近忽远,甚至觉得管理者喜怒无常,从而影响团队的凝聚力和稳定性。

3号成就型上级和下属的应对策略

3号成就型上级

3号成就型上级注重效率,讲话直接且缺乏耐心。他们不喜欢下属向他们传递负面信息或倾诉情绪问题,而是更关注任务的完成和效率。在给下属反馈时,他们通常会直奔主题,往往不会给对方过多谈论感受的时间。与他们沟通时,应以成果和成就为导向,强调如何达成目标,而不是强调困难。要让他们知道,下属的参与能够支持他们取得更大的成就,并且定期向他们汇报进度与成果。

3号成就型下属

激励3号成就型下属的核心是让他们觉得自己是成功者,并且帮助他们取得成功。例如,应提前明确目标和奖励机制,在他们取得成就时及时给予公开表扬。如果遇到障碍，要迅速帮助他们排除；如果失败了，要先总结经验教训，强调收获和亮点，再谈论不足。要为他们提供一个充分展示自己的舞台，多给予赞美和嘉许。尽量避免当众批评他们，如果需要指正，应在私下进行，且点到为止。因为他们通常比较聪明，只要稍加点拨，就会自行调整和改正。如果过度逼迫他们承认错误，可能会极大地伤害他们的自尊和面子。

3号成就型管理者如何提升个人领导力

首先，3号成就型管理者需要学会接受他人的意见，从第三方的角度去审视自己的优势和不足，这样才能实现长久的成长和进步。

其次，3号成就型管理者需要多关注他人的感受。由于他们过于关注结果和效率，可能会给下属带来压迫感和缺乏温度的感觉，因此多关注他人的感受是他们需要修炼的方向。

最后，3号成就型管理者需要学会放慢节奏，在做决策时不要急于求成，要能够看清全局。如果发现方向错误，也要勇于放下架子，及时承认并做出调整，这也是他们需要努力的方向。

4号感觉型上级和下属的应对策略

4号感觉型上级

4号感觉型上级将内心的品质置于首位，具有敏锐的洞察力，喜欢创新，充满干劲，会为了一个目标全力以赴。与3号成就型上级不同，他们追求的不是成功，而是独特的表现。他们比较情绪化和随性，喜欢不断变化。面对这样的上级，下属可以提醒他们在转变前衡量得失，将焦点放在最终的成果上。同时，尝试理解他们的独特之处，欣赏他们的创意和理想化的想法，并用真诚的关怀来对待他们。如果无法改变他们的某些特质,那么先呵护好他们的情感,也是维持良好关系的重要方式。

4号感觉型下属

4号感觉型下属不喜欢毫无新意的工作,也不喜欢与其他人表现得一样,更不喜欢被约束。如果你有4号感觉型下属,应鼓励他们有创意地达成工作目标,赋予他们有意义的工作价值,欣赏他们的独特品位,帮助他们建立清晰的目标和期限,并定期检查成果。平时多关注他们的情感需求,多关心和重视他们,鼓励创意。如果他们在稳定状态,可以多给他们一些空间;如果他们状态不稳定,也不必过分干涉,给予他们更多的独立空间,因为当他们情绪化时很难接受他人建议。4号感觉型下属有时会为了维护理想化的价值观而与上级交涉甚至对抗,这时要求上级要更加耐心,同时用真诚的关怀对待他们,这样也能让他们为团队创造价值。

4号感觉型管理者如何提升个人领导力

首先,4号感觉型管理者需要做情绪的主人,在遇到事情时尽量保持冷静、淡定的状态,然后在不受外界影响的情况下妥善处理事情。

其次,4号感觉型管理者需要养成系统思考问题的习惯,因为他们喜欢原创,凡事喜欢创新,容易出现理想化的情况。

最后,4号感觉型管理者需要制定清晰具体的目标,提升规划的确定性,给下属更多的安全感,减少随意性和情绪的波动。

5号思考型上级和下属的应对策略

5号思考型上级

5号思考型上级通常是团队的"幕后大脑",擅长思考和分析问题,但很少亲力亲为。他们需要一个能够冲锋陷阵、落实计划的人来协助执行。他们喜欢独处，有自己的空间，很少与下属建立深入的关系，也不擅长处理人际冲突。如果你是他们的下属，按计划完成工作，并在必要时帮忙调和团队关系，他们会非常欣赏和感激你。

5号思考型下属

5号思考型下属在工作中遇到的问题往往不是工作本身，而是如何与同事相处。例如，在公共区域与他人共用办公桌，或在公开场合表达自己，对他们来说都比较困难。他们更适合做幕后工作，能够发挥出更大的优势。与他们沟通时，采用请教的方式效果较好。分配任务时，要尽量做到清晰明确，避免过多寒暄和客套。激励他们的要点包括：尊重他们的思想，赞赏他们的学识和分析能力，送他们一本有价值的书可能会起到很好的激励效果；协助他们成为行业内的专家，为他们营造一个可以发挥知识的平台；给予他们足够的空间和时间来自我发展；可以让他们负责构建知识体系的工作，从而发挥出更大的价值。

5号思考型管理者如何提升个人领导力

首先，5号思考型管理者需要学会与他人建立良好的互动关系，更多地关注他人的情感，从私人空间中走出来。在与他人相处时，要传递正面的能量，而不是消耗他人的能量。

其次，5号思考型管理者需要加快决策效率。对于大项目可以进行全面分析、慎重决策，但对于小项目则可以加快决策效率，把握先机。因为在快速发展的经济社会中，决策较慢可能会让竞争对手抢占先机。

最后，5号思考型管理者需要减少主观倾向，增加弹性。因为5号思考型管理者容易困在自己掌握的知识里，执着于自己的观点，不愿轻易改变，这在管理上也会给他人带来困扰。

6号忠诚型上级和下属的应对策略

6号忠诚型上级

6号忠诚型上级在行动前喜欢反复思考和评估,试图发现潜在的漏洞并想象最糟糕的结果。这种过度谨慎的特点,往往导致他们在决策时较为缓慢,甚至可能养成拖延的习惯。面对这样的上级,可以在工作中尝试与他们一起分析利弊,提供更加全面的信息,帮助他们做出决策。同时,在行动前将可能遭遇的情况以及补救措施提前告知,这不仅有助于他们做出决策,也能更好地取得他们的信任。

6号忠诚型下属

6号忠诚型下属往往会寻找一个值得信任的领导者并追随他。他们愿意追随那些处事公正、目标明确的领导者,并且喜欢获得清晰明确的工作指示和目标。一旦他们认为上级存在不公正或目标不明确的情况,从而引发他们的怀疑,他们往往会转向反对上级。面对6号忠诚型下属,应提供清晰的指令和明确的目标,并且处事公正。同时,给予他们足够的支持,主动分析可能出现的问题及解决办法,这样他们往往会表现出色。信任对他们来说至关重要,对其他人的信任如果是100%,那么对6号忠诚型下属的信任应该是120%,这样会让他们更有动力。由于6号忠诚型下属喜欢思考和怀疑他人行为背后的真正目的,与他们相处时一定要言而有信,信守承诺,否则他们可能会对你产生不信任。他们喜欢提问,需要给予足够的耐心。他们也比较被动,可能会封闭自己,因此上级需要主动沟通,帮助他们疏导情绪。可以适当地给6号忠诚型下属一些压力,这样他们在压力下会更有目标感和冲劲,效率也会更高,从而没有时间去焦虑。他们不喜欢宽泛的赞美,如果要肯定他们,一定要基于具体的事实或数据,这样他们才不会怀疑你的赞美是否出自真心。

6号忠诚型管理者如何提升个人领导力

首先,6号忠诚型管理者需要学会信任,对环境中的人和事都要充分信任,学会真正地授权和放手。

其次,6号忠诚型管理者需要更有勇气,学会当机立断。如果他们能够静下来分析,分辨哪些是真实的直觉,哪些是凭空的想象,这将对他们非常有利。

最后,6号忠诚型管理者可以通过运动等方式缓解焦虑,这将对管理工作非常有帮助。

7号活跃型上级和下属的应对策略

7号活跃型上级

7号活跃型上级思维敏捷,善于鼓舞团队士气,能够迅速调动团队的热情,并在压力下快速思考和行动。然而,他们也容易改变主意,可能导致工作进度出现混乱。作为下属,你需要随时做好接受工作安排变化的准备。你可以与他们一起讨论计划的合理性与可行性,并定期汇报工作进展,说明实际情况与原计划是否存在偏差。否则,他们可能会默认事情会在理想状态下顺利发展。

7号活跃型下属

7号活跃型下属擅长筹划,富于创新,对于从事智力性的工作感到无比快乐,但不喜欢重复性的日常工作。他们通常难以接受上级的批评,因此在沟通时应先肯定他们的想法,再交给他们新的任务。只需给他们一个明确的目标,细节部分可以让他们自由发挥,因为过多的干预会抑制他们发挥自己的才能。他们不喜欢按部就班,因此可以根据他们的创造力、反应力、思维力和亲和力这些特质来安排工作任务。他们喜欢自由，不喜欢被控制和束缚，与他们沟通时尽量采用轻松、开放的方式。

7号活跃型管理者如何提升个人领导力

首先，7号活跃型管理者需要放慢速度，学会沉稳。过快的速度常常让人跟不上节奏，太多的想法和创意可能会让人感到无所适从，甚至觉得缺乏连贯性。

其次，7号活跃型管理者需要学会深入思考，像5号思考型管理者一样，避免浅尝辄止。

最后，7号活跃型管理者需要学会聆听。他们常常用思维替代感受，当自己没有觉察时，倾听能力较弱。如果能够慢下来，关注他人的感受，倾听他人的想法，无疑会对管理工作带来很大的帮助。

8号开拓型上级和下属的应对策略

8号开拓型上级

8号开拓型上级最关注权力和控制，其管理风格倾向于强权和一言堂，但同时也会积极保护下属。他们骨子里寻求他人的尊重，控制感让他们喜欢掌握充分的信息。因此，凡事多征求他们的意见，及时汇报工作进展，做事干脆利落，让他们有控制感，这是与他们良好相处的重要方式。在相处过程中，要事事体现出对他们的尊重，让他们感觉到你是他们的"盟友"，这是良好相处的关键。同时，他们不喜欢越级管理，越级汇报是他们的雷区，千万不能踩。如果你不小心激怒了他们，适当示弱可以缓解他们的怒火，因为他们骨子里是比较同情弱者的。

8号开拓型下属

8号开拓型下属能够承担责任，但同时也喜欢管闲事，喜欢挑战权威，不服从领导。他们要求公正、被尊重以及直接沟通。可以协助他们发展领导能力，一旦给予他们自己的舞台，他们就会竭尽所能、全情投入。他们讨厌在工作中与人分享权力，被他人干涉工作过程。他们喜欢有挑战性的工作和脱颖而出的机会。与他们相处时，一定要减少控制，指令清晰，权责分明，简单直接，同时也要给予充分的尊重和信任。同样，他们不喜欢越级管理，如果你越过他们管理其下属，那么他们也会越过你，向你的上级进行汇报。

8号开拓型管理者如何提升个人领导力

首先，8号开拓型管理者需要学会控制情绪，降低音量，放慢语速，觉察与他人对抗的意义，思考是否伤害到他人。

其次，8号开拓型管理者需要学会聆听。听取他人的意见和声音是一名优秀管理者的必修课，特别是对于8号开拓者管理者更是如此。

最后，8号开拓型管理者需要学会科学决策。8号开拓型管理者往往决策迅速，且由于他们执行力强、方向感明确，如果没有人敢于提出异议，或者越是遭到反对就越坚持己见，那么错误的决策可能会带来更大的负面影响，甚至导致无法挽回的后果。

9号和平型上级和下属的应对策略

9号和平型上级

9号和平型上级通常会为下属营造和谐舒适的工作氛围。他们不喜欢给下属施加压力，但又希望下属能够工作紧凑且有计划。因此，作为下属，你最好具备目标感强、计划性高、工作效率高的特质。面对9号和平型上级决策较慢的特点，可以提前准备好两个以上的方案，并分析其利弊，同时给出你认为最可行的方案，这将有助于9号和平型上级快速做出决策。

9号和平型下属

9号和平型下属喜欢和谐舒适、没有约束的工作环境，通常没有什么强烈的志向。他们不喜欢成为团队的领导者，因为这会让他们感到压力，很不适应。不要试图用晋升来激发他们的工作斗志。在给9号和平型下属分配任务时，只要指令清晰、要求具体，他们就能很好地去执行。与9号和平型下属相处时，需要轻声细语，方式温和，以免让他们感到不适。

9号和平型管理者如何提升个人领导力

首先，9号和平型管理者需要学会坚持自己的立场和原则。

其次，9号和平型管理者需要学会提高效率，无论是做事还是管理，都需要有目的地提升效率。

最后，9号和平型管理者需要学会拒绝。他们应当发挥自己人际关系好的优势，同时坚定自己的立场，提高管理效率，成为有胸怀、能容人的领导者。

以上就是不同人格型号的人在工作中的不同行为表现。相信你现在已经意识到人与人之间人格和行为表现的差异，掌握了与不同型号人沟通、激励的密码。希望你能够将这些知识运用到实际工作中，帮助你做好向上管理，激励下属，打造更高效的团队。

学习感悟

1. 本节让你印象最深刻的内容是什么?

   _____

   _____

   _____

2. 对你的工作、生活、管理有什么启发?

   _____

   _____

   _____

第四节 如何匹配职业兴趣，助力职业发展

在职场中，职业选择和职业转型问题可以说贯穿整个职业生涯。人们常常在"自己能做什么"和"喜欢做什么"这两个问题之间犹豫徘徊，这给职业发展带来巨大挑战。

在管理场景中，管理者也常常面临不同类型员工之间的合作问题、人岗匹配问题以及管理风格转换问题，这些都给管理能力带来了诸多挑战。

学习九型人格可以很好地帮助人们解决职业规划问题和情境管理问题，从而快速提升职场影响力。本节我们将从职业兴趣的角度出发，发挥个人的优势和长处。我们将从霍兰德职业兴趣理论和九型人格职业建议两个方面展开介绍。

一、霍兰德职业兴趣理论

霍兰德职业兴趣理论是将人格与职业选择相结合的著名理论。从这个理论出发，不仅可以拓宽视野，还可以作为职业选择和情境管理的参考依据。

约翰·霍兰德（John Holland）是美国约翰·霍普金斯大学的心理学教授，也是美国著名的职业指导专家。他于1959年提出了具有广泛社会影响的人业互择理论（Personality–Job Fit Theory），即霍兰德职业兴趣理论。这一理论首先根据劳动者的心理素质和择业倾向，将劳动者划分为六种基本类型，相应的职业也被划分为六种类型：社会型、企业型、实际型、常规型、调研型和艺术型。该理论根据不同的人格特点研究出与之对应的职业兴趣，为个人择业和人岗匹配提供了理论基础。霍兰德职业兴趣理论的核心结论如表4.3所示。

表 4.3　霍兰德职业兴趣理论的核心结论

职业类型	共同特征	典型职业
社会型	喜欢与人交往，不断结交新的朋友，善言谈，愿意教导他人。关心社会问题，渴望发挥自己的社会作用。寻求广泛的人际关系，比较看重社会义务和社会道德	教育工作者（教师、教育行政人员）、社会工作者（咨询人员、公关人员）等
企业型	追求权力、权威和物质财富，具有领导才能。喜欢竞争，敢冒风险，有野心，有抱负。为人务实，习惯以利益得失、权力、地位、金钱等来衡量做事的价值，做事有较强的目的性	项目经理、销售人员、营销管理人员、政府官员、企业领导、法官、律师等
实际型	愿意使用工具从事操作性工作，动手能力强，做事手脚灵活，动作协调。偏好于具体任务，不善言辞，做事保守，较为谦虚。缺乏社交能力，通常喜欢独立做事	技术性职业（计算机硬件人员、摄影师、制图员、机械装配工）、技能性职业（木匠、厨师、技工、修理工、农民、一般劳动）等
常规型	尊重权威和规章制度，喜欢按计划办事，细心、有条理，习惯接受他人的指挥和领导，自己不谋求领导职务。喜欢关注实际和细节情况，通常较为谨慎和保守，缺乏创造性，不喜欢冒险和竞争，富有自我牺牲精神	秘书、办公室人员、记事员、会计、行政助理、图书馆管理员、出纳员、打字员、投资分析员等

续表

职业类型	共同特征	典型职业
调研型	思想家而非实干家，抽象思维能力强，求知欲强，肯动脑，善思考，不愿动手。喜欢独立的和富有创造性的工作。知识渊博，有学识才能，不善于领导他人。考虑问题理性，做事喜欢精确，喜欢逻辑分析和推理，不断探讨未知的领域	科学研究人员、教师、工程师、电脑编程人员、医生、系统分析员等
艺术型	有创造力，乐于创造新颖、与众不同的成果，渴望表现自己的个性，实现自身的价值。做事理想化，追求完美，不重实际。具有一定的艺术才能和个性。善于表达，怀旧，心态较为复杂	艺术方面（演员、导演、艺术设计师、雕刻家、建筑师、摄影家、广告制作人）、音乐方面（歌唱家、作曲家、乐队指挥）、文学方面（小说家、诗人、剧作家）等

二、九型人格职业建议

有了霍兰德职业兴趣理论的铺垫，对于九型人格职业建议的理解就会容易很多。这一部分我们将直接给出九型人格职业建议，如表4.4所示。

表4.4 九型人格职业建议

人格型号	人格优势	职业建议
1号自律型	善于组织和规划，适合需要细致注意、条理清晰和自律性的工作	法官、医生、财会、质检、安检、品控、监察、审计等
2号助人型	关心他人，乐于帮助，适合与人们合作并提供支持的工作	助理、教师、秘书、社工、销售、客服、医护、工会主席、服务人员等
3号成就型	追求成功与成就，适合需要竞争和目标导向的工作	销售、公关、项目经理、演讲、企业高管等
4号感觉型	富有创造力和敏感性	美术、音乐、艺术、时装、戏剧、文学、装潢、广告、产品设计等领域，亦可担当心理学家、律师、医生、工程师、市场策划、推广人员等

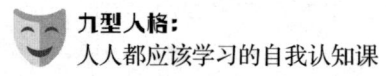

续表

人格型号	人格优势	职业建议
5号思考型	好奇心强，喜欢独自思考和研究，适合需要深入分析和专业知识的工作	特殊领域专家、咨询顾问、数据分析、决策分析、研发员、研究员、程序员、科学家、侦探等
6号忠诚型	关注风险和安全，适合需要谨慎和团队合作的工作	策划、规划、建体系、警察、情报人员、保卫人员等
7号活跃型	寻求刺激和乐趣，适合需要创新、多样性和灵活性的工作	公关、市场营销、活动策划、记者、销售、导游等
8号开拓型	坚定自信，乐于领导和决策，适合需要权威和魄力的工作	企业领导、军官、创业者等
9号和平型	寻求和谐与平衡，适合需要调和和团结的工作	公务员、教师、护士、咨询师、治疗师、服务人员、人力资源、和解人员等

认识自己的人格优势就是认识自己的天赋。美国开国元勋本杰明·富兰克林原本是一名印刷工人，但他热爱学习，辍学后他的自学之路从未间断。他省钱买书，通宵阅读，涉猎广泛，热爱写作，掌握多国语言，最终成为一名伟大的科学家、著名政治家和文学家。如果本杰明·富兰克林没有坚持和发挥自己的优势和天赋，而是选择继续做一名印刷工人，他最终顶多成为一位默默无闻的商人或工人，无法取得举世瞩目的成就。因此，九型人格在帮助我们发现自身优势、选择合适的职业上具有重要价值。

九型人格职业建议只是大致的方向建议。相同的工作，不同人格类型的人同样能够做好。重要的是要将人格中的优势恰当地发挥到工作上。在个人职业发展和情境管理中，还需要具体问题具体分析。因为人格在不同环境下会有调整和变化，除了拥有主要人格类型，还会有多重人格类型。一专多能的人才也大有人在。最具代表性的人物是欧洲文艺复兴时期的天才科学家、发明家、画家达·芬奇。现代学者称他为"文艺复兴时期最完美的代表"，是人类历史上绝无仅有的全才。

第五节

如何找到和另一半的相处秘籍，打造和谐的亲密关系

在本节中，我们将探讨九型人格在亲密关系中的应用。本书原本定位于职场中的九型人格，但在最后一节转向生活中的亲密关系，原因在于一个人可能在职场和生活中表现出不同的人格特质。此外，生活中的亲密关系也会影响一个人的工作表现。因此，我们在最后一节来聊聊亲密关系中的九型人格。

相信每个人都会有亲密关系的烦恼：为什么经常会和另一半吵架？为什么对方一点都不理解你？为什么你付出了这么多，他还是感受不到你的爱？这些问题的根本原因，通常在于你并没有清楚地了解对方是一个怎样的人，以及适合用什么方式去沟通和相处。而九型人格正是我们打开另一半心门的一把钥匙，是帮助我们深层次了解他人的工具。

接下来，我们先来看看各种型号的婚恋风格和相处秘籍。

一、九型人格的婚恋风格和相处秘籍

1号自律型的婚恋风格和相处秘籍

1号自律型在婚恋关系中，常常执着于追求完美的爱情。他们在潜

意识里倾向于扮演"帮助伴侣改正"的角色，期望双方在关系中不断实现自我完善与提升。他们对细节极为关注，例如是否能够记住对方的名字、约会是否守时、介绍是否得当等。然而，他们往往很少主动表达自己内心的想法，而是期望伴侣能够敏锐地察觉并理解他们的需求。

如果你的伴侣是1号，应当多加留意生活中的细节。在日常相处中，要多鼓励伴侣放松心态，引导伴侣去发现生活中的乐趣。主动与伴侣沟通，询问伴侣的内心想法，以此促进双方的交流与理解。

如果你是1号，建议不要过度关注细节或追求完美。学会放下内心对自己和伴侣的过高标准与要求，努力去欣赏伴侣的优点，从而营造更加和谐、轻松的婚恋关系。

2号助人型的婚恋风格和相处秘籍

2号助人型往往期望成为伴侣生活的核心，他们乐于为对方做出妥协，例如，放弃自己的生活与兴趣爱好，将精力集中在满足伴侣的期望之上。然而，随着时间推移，尤其是在出现矛盾时，这些前期的妥协往往会成为他们产生愤怒情绪的根源。他们可能会陷入一种思维误区，认为自己为对方付出了诸多，却未能收获相应的爱意，或者自己的付出未被对方察觉与认可，从而感受到沉重的打击。

如果你的伴侣是2号，应当鼓励伴侣保持自我，避免对伴侣提出过多改变的要求。要敏锐地察觉到伴侣的妥协行为，及时肯定伴侣的付出，并且主动提出合理的折中方案，以平衡双方的需求与感受。

如果你是2号，切勿将全部的时间与精力都倾注在伴侣身上，应给予伴侣适度的空间，同时更要关注自身内心的真实需求。

3号成就型的婚恋风格和相处秘籍

3号成就型通常会投入大量时间去追求事业成功,因而容易忽略对伴侣的陪伴与关注。他们往往将精力集中在目标的达成上,而无暇顾及情感层面的交流。

如果你的伴侣是3号,可以尝试制定一系列计划邀请伴侣参与,如度假计划、提升生活品质的计划等。你的伴侣喜欢按照计划行事,并且享受完成计划带来的成就感。通过这种方式,可以引导伴侣在追求事业的同时,也能关注到家庭和情感生活。

如果你是3号,需要注意不要为了追求表面的成功而忽视身边真正重要的人。要学会关注自己内心的情感需求,多花时间陪伴伴侣,平衡事业与感情的关系。

4号感觉型的婚恋风格和相处秘籍

4号感觉型往往对爱情有着较高的理想化追求,他们倾向于追逐那些遥不可及的感觉。他们过度敏感,容易将生活中的小问题放大,例如伴侣身上的小毛病或生活琐事,都可能成为他们难以忍受的刺激。同时,4号感觉型也被称为悲情浪漫者,他们对待感情的方式可能会表现出忽冷忽热的特点。

如果你的伴侣是4号,在相处时要给予伴侣足够的空间和距离,同时保持足够的耐心。

如果你是4号,要学会珍惜眼前所拥有的,而不是将注意力过多地放在不切实际的感觉上。

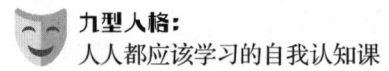
九型人格：
人人都应该学习的自我认知课

5号思考型的婚恋风格和相处秘籍

5号思考型常常会将自己的情感抽离出来，习惯于躲在自己的世界里。他们很少用言语表达情感，也害怕亲密关系会打乱自己的生活模式。

如果你的伴侣是5号，要给予伴侣独立的空间，允许伴侣有充足的时间从事自己喜欢的事情。同时，你也要主动一些，例如打电话、安排活动、表达关心，用行动慢慢融入伴侣的生活。但需要注意的是，不要强迫伴侣做任何事情，要给予伴侣选择的权利，尊重伴侣的个性和习惯。

如果你是5号，要尝试主动表达内心的情感，让伴侣感受到你的关注和重视。

6号忠诚型的婚恋风格和相处秘籍

6号忠诚型在两性关系中通常表现出高度的忠诚，但他们往往多疑且缺乏安全感，对可能出现的负面结果特别敏感。他们习惯性地想象最糟糕的情况，而很少去考虑最好的结果。

如果你的伴侣是6号，需要明确表明自己的立场，多次重申对伴侣的承诺，伴侣也感受到你的真诚，这样才能为伴侣带来安全感。

如果你是6号，要学会放下心中的纠结和疑虑。若有疑虑，应主动与伴侣沟通，不要将其憋在心里，避免让负面情绪发酵。

7号活跃型的婚恋风格和相处秘籍

7号活跃型天生乐观、好玩，能够给伴侣带来欢乐。他们很少有负面情绪，也不喜欢面对负面情感。他们热衷于新事物，对伴侣的多面性会感到着迷。然而，他们不喜欢情感关系中的重复和许诺，更倾向于追求一切自然发生。在遇到困难时，他们可能会选择逃避。

如果你的伴侣是7号，要学会欣赏伴侣的好奇心，不要将伴侣限制在既定的时间和日常工作中。同时，也要多发展自己的兴趣，成为一个有趣的人，这样才能长久地吸引伴侣。

如果你是7号，要提醒自己正视问题，逃避并不能真正解决问题，要勇于承担责任。放下过度关注自我的倾向，多把注意力放在伴侣身上，不要只顾着自己是否快乐。

8号开拓型的婚恋风格和相处秘籍

8号开拓型喜欢独立、坚强的伴侣。他们害怕被控制，最不习惯的是凡事都要征求伴侣的意见，这会让他们感觉自己失去了权力和控制感。

如果你的伴侣是8号，可以和伴侣达成协议，明确什么事由伴侣做决定，什么事需要协商。在面临冲突时，你的伴侣可能会对反击者表现出粗鲁的态度。但如果能坚持自己的立场，你的伴侣会认为你是一个值得尊重的人，反而会像尊重自己一样去尊重你。

如果你是8号，要学会放下控制欲，多和伴侣沟通，聆听伴侣的需求。通过平等的交流和相互理解，可以更好地建立和谐的关系。

9号和平型的婚恋风格和相处秘籍

9号和平型是非常容易相处的伴侣，他们随性，喜欢依照他人的日程来安排生活，不喜欢做决定，因为他们觉得自己的决定不重要。不过，他们不喜欢伴侣给他们压力，例如规定他们做家务、要求他们有上进心，否则他们会用消极的方式来对抗。

如果你的伴侣是9号，当伴侣犹豫不决时，要尽可能帮助伴侣分清主次，做出自己的决定。

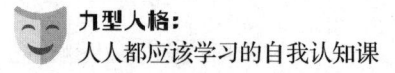

如果你是9号，要多了解自己内心的需求，而不是一味地顺从伴侣。

二、九型人格伴侣案例

下面，我们来一起分析几对不同型号搭配的伴侣，看看他们的相处模式是怎么样的，能给我们带来怎样的启发。

美国前总统和美国前国务卿

第一对是两个3号成就型。一位是美国前总统，一位是美国前国务卿，两人都属于九型人格中的3号，都是政坛上的关键人物。虽然两人都在事业上有着巨大的影响力，但他们的感情生活却经常触礁。

当年，前总统和白宫实习生闹出的丑闻，让他们的婚姻生活成为全世界的焦点。最终，前国务卿选择了妥协，继续维护她和前总统的婚姻。前国务卿的豁达拯救了前总统，也为其自身赢得了极高的政治声誉。

为什么她可以容忍这一切呢？她应该意识到，只有他们两个人在一起，才可以发挥出最大的效能。当年，如果她愤然提出离婚，并且与前总统翻脸，即便前总统不会被弹劾，她与前总统之间的政治影响力都会严重受损。但如果她原谅了前总统，而且前总统也主动承认错误，就会产生"负负为正"的效果。两个人的政治影响力不但不会受损，反而还会大幅提升。

通过前总统和前国务卿的婚姻故事，我们可以看到两个3号之间的关系。两个3号在一起通常都会争强好胜，他们通常都不会为了家庭牺牲事业，都有自己的理想追求。他们的关系看上去也许很完美，但实际上两人缺乏强烈的情感联系。两个成就型的人相处的关键是相互支持，相互成就。像前国务卿包容前总统，很大程度上是为了维护两人的政治影响力。如果双方能找到共同的兴趣爱好或志同道合，他们就可以通过共同的活动来维系感情。

北京电影学院女演员和中央戏剧学院男演员

这一对是1号自律型的北京电影学院女演员和9号和平型的中央戏剧学院男演员，他们因为在某部电视剧中饰演夫妻而结缘。2018年，他们参与了一档真人秀节目，刷新了观众对他们二人的认知。

1号自律型的北京电影学院女演员是个很细心的人，她透露自己有强迫症和小洁癖。在节目中，她总是一刻不停地收拾整理。她所到之处立刻变得整整齐齐，所有物品的摆放都要按照她的标准。她不仅对自己有要求，对老公中央戏剧学院男演员也是如此。相比之下，9号和平型的中央戏剧学院男演员则显得比较随性。他的生活方式十分随意，脱下来的衣服到处乱扔，一点都不讲究。北京电影学院女演员则完全不同，搞不定他，就默默地跟在他身后，把乱扔的衣服和东西收拾起来，就像是带着一个没长大的孩子一样。

从北京电影学院女演员和中央戏剧学院男演员的相处来看，虽然两人的生活习惯截然不同——1号自律型的北京电影学院女演员细心、井井有条，而9号和平型的中央戏剧学院男演员随性、自然，但恰恰因为这样，1号自律型的坚守原则能让随性的9号和平型有所追求和自我约束，而9号和平型的放松则能给严肃的1号自律型带来轻松愉快。这就是1号自律型和9号和平型和谐相处的窍门。

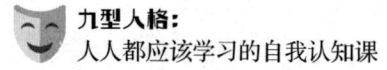

股神和他的前妻

在关于股神的纪录片中,揭示了5号思考型股神和他2号助人型前妻婚姻生活的状态。股神和前妻结婚后,前妻包揽了所有家务活,像照顾孩子一样照顾股神和照料整个家,包括一日三餐、账单支付、孩子的教育等,无微不至。而5号思考型的股神,大部分时间都沉浸在自己的世界里。即使在家,他也是随时随地手里拿着一份报纸或一本书,很少与前妻或孩子交流。生活上,股神也很简朴。尽管变得富有之后,他依然穿着破旧的衣服,吃着一成不变的汉堡包,也很少与前妻一起参加社交活动。2号助人型的前妻长期付出,但得不到股神情感上的回馈,开始厌倦这种没有关爱的生活。于是,她开始寻找自己的兴趣爱好,如唱歌、跳舞、做慈善,并且开启了独居的新生活。

从股神和他前妻的婚后生活我们可以看到,2号助人型和5号思考型人格迥异。一个热情体贴,一个冷静孤独,完全是互补的两种人格。5号思考型享受独处,远离人群,喜欢分析和思考,生活方式朴素节俭。而2号助人型则喜欢热闹,结识新朋友,与人建立感情连接。一开始,2号助人型会愿意为5号思考型付出一切,改变自己的生活方式去迁就对方,毫无怨言。但如果长期得不到肯定和爱的回馈,2号助人型就会开始感到愤怒,并反抗。这也是股神和他前妻婚姻出现危机的主要原因。

你会发现,每种型号在亲密关系中的需求是不一样的。当我们深入了解他们,读懂他们爱的语言,才能找到正确的相处方式,和谐共处。今天的内容就到这里,不要忘了在作业栏写下你的收获。

学习感悟

1. 本节让你印象最深刻的内容是什么？

_____

_____

_____

2. 对你的工作、生活、管理有什么启发？

_____

_____

_____

最后有几点要提醒一下：

首先，九型人格中对各种型号的描述，是经过长时间研究提炼出来的，只代表共性的一面，请大家勿以偏概全。

其次，学习九型人格的重要意义之一是让我们意识到人与人之间的不同，学会用包容的心态去接纳他人，找到合适的沟通相处方式。书中提供的方法和技巧，请不要生硬套用。

最后，书中提到的各型号代表人物只是专家的判断，有一定的共识，但仍会有不同的意见。请大家抱着开放的学习心态。

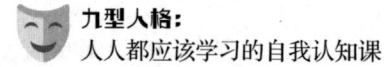

到这里，本书的内容已经全部完结。希望通过本书的介绍，能够帮助你在职场和生活中更好地运用九型人格，帮助你获得更美好的人生和更完美的事业。

参考文献

[1] 海伦·帕尔默.九型人格.徐扬，译.北京：华夏出版社，2006.

[2] 海伦·帕尔默.职场和恋爱中的九型人格.徐扬，译.北京：华夏出版社，2007.

反侵权盗版声明

电子工业出版社依法对本作品享有专有出版权。任何未经权利人书面许可，复制、销售或通过信息网络传播本作品的行为；歪曲、篡改、剽窃本作品的行为，均违反《中华人民共和国著作权法》，其行为人应承担相应的民事责任和行政责任，构成犯罪的，将被依法追究刑事责任。

为了维护市场秩序，保护权利人的合法权益，我社将依法查处和打击侵权盗版的单位和个人。欢迎社会各界人士积极举报侵权盗版行为，本社将奖励举报有功人员，并保证举报人的信息不被泄露。

举报电话：（010）88254396；（010）88258888

传　　真：（010）88254397

E-mail：　dbqq@phei.com.cn

通信地址：北京市万寿路173信箱
　　　　　电子工业出版社总编办公室

邮　　编：100036